企业云桌面
规划、部署与运维

刘金丰　著

U0178406

机械工业出版社

本书结合企业实际，从零开始分步骤地讲解企业云桌面构建的全过程，跟随书中的内容学习和操作，相当于完整搭建了一整套企业云桌面。全书共分为11章，内容包括企业云桌面概述、企业云桌面规划、部署存储服务器之Openfier、部署服务器虚拟化之 VMware ESXi、部署服务器虚拟化之 VMware vSAN、部署桌面虚拟化之 Citrix XenDesktop、部署应用虚拟化之 Citrix XenApp、配置企业网盘、用户配置文件管理之 Citrix UPM、部署负载均衡之 Citrix NetScaler VPX、企业云桌面运维。

本书区别于许多只是介绍实验及测试经验的书籍，着重介绍了作者的实际项目经验，非常适合企业信息化建设人员，项目实施、管理和运维人员，为企业提供信息化建设服务的供应商在实施企业云桌面的规划、部署与运维时的实用参考手册，也适合作为各级系统工程师的学习参考用书，还可以作为培训机构、高校的教学用书。

图书在版编目（CIP）数据

企业云桌面规划、部署与运维 / 刘金丰著. —北京：机械工业出版社，2018.9
（2025.1 重印）
ISBN 978-7-111-62498-1

Ⅰ. ①企…　Ⅱ. ①刘…　Ⅲ. ①虚拟处理机－应用－企业信息化－建设
Ⅳ. ①TP317 ②F272.7

中国版本图书馆 CIP 数据核字（2019）第 070525 号

机械工业出版社（北京市百万庄大街22 号　邮政编码　100037）
策划编辑：王　斌　　责任编辑：王　斌
责任校对：张艳霞　　责任印制：邓　博
北京盛通数码印刷有限公司印刷

2025 年 1 月第 1 版·第 3 次印刷
184mm×260mm · 22.75 印张 · 565 千字
标准书号：ISBN 978-7-111-62498-1
定价：99.00 元

电话服务　　　　　　　　　　　　网络服务

客服电话：010-88361066　　　　机 工 官 网：www.cmpbook.com
　　　　　010-88379833　　　　机 工 官 博：weibo.com/cmp1952
　　　　　010-68326294　　　　金 书 网：www.golden-book.com
封底无防伪标均为盗版　　　　机工教育服务网：www.cmpedu.com

推荐序

  金丰是一名资深的微软最有价值专家（MVP），也是 51CTO 的知名专家博主。作为金丰的老朋友，我收到为金丰所著的《企业云桌面规划、部署与运维》一书作序的邀请，荣幸之余也不禁浮想联翩，借此机会和读者们分享一些自己的心得体会。

  认识金丰已十年有余，早些年金丰做系统工程师时，微软刚刚发布了即时通讯产品 OCS 2007。金丰对这款产品非常有兴趣，克服重重困难进行学习测试。当时金丰没有专门的测试服务器，只能在自己工作的台式机上以跑虚机的方式进行。由于台式机的硬件资源有限，还得借用其他同事的计算机。为了不影响同事正常工作，金丰只能利用下班后的时间进行研究。有一次金丰和我交流一个技术问题时是早上七点多，我当时诧异其上班时间如此之早，后来才知道金丰坚持早早到公司做实验已经有一段时间了。靠着这股钻研精神，金丰很快成为了国内即时通讯产品领域优秀的技术专家，技术圈内的朋友们都对他非常认可。

  随着虚拟化技术日益广泛地在企业得到应用，金丰又对主流的虚拟化产品进行深入学习，成为了经验丰富的桌面虚拟化专家，成功实施了多个企业云桌面项目，积累了丰富的项目经验。

  金丰不仅学习技术肯下苦功，并且撰写了大量博文，录制了很多在线视频公开课，通过多种方式，把自己在桌面虚拟化等技术领域的开发经验分享给广大的用户和技术爱好者，授人以渔。金丰的博文和教学视频最大特点是实用，这一点得到了用户和学员们的一致好评。通过学习金丰的培训课程，用户可以很快完成评估环境的部署配置，掌握虚拟化技术的关键知识点，了解云桌面产品的基本使用，并可以解决实践中遇到的问题。

  就即将与读者见面的这本《企业云桌面规划、部署与运维》来说，仍然延续了金丰一贯的实用风格。全书内容都基于落地的实际案例，从企业云桌面的架构规划到实际的部署配置，再到企业云桌面的运维管理，这本书介绍得非常详尽，而且全书思路清晰，步骤细致，读者朋友们通过学习本书，可以很快上手掌握企业云桌面产品。相信广大读者一定可以开卷有益，快速从书中汲取技术营养！

北京荣之联科技股份有限公司技术总监 岳雷
51CTO 专家博客

前言

　　企业云桌面是将存储虚拟化、网络虚拟化、服务器虚拟化、桌面虚拟化、应用程序虚拟化等虚拟化技术综合在一起后，利用浏览器、瘦客户端、零客户端、云终端等提供给企业用户使用的云桌面。企业云桌面将用户的桌面放到服务器虚拟化平台上统一进行管理，能够节约成本、保证数据安全、简化管理。可以说企业云桌面是目前最实用、最接地气的一种虚拟化云应用。

　　目前市面上有许多厂家都有自己的企业云桌面产品，或者有服务提供商专门提供综合各厂家技术而成的企业云桌面解决方案。企业云桌面的构建和管理涉及很多方面，包括方案规划、设备选型、存储虚拟化、服务器虚拟化、桌面虚拟化、应用程序虚拟化、配置文件管理、企业网盘的配置、负载均衡的配置、企业云桌面日常管理等，可谓纷繁复杂。企业应该选择哪一种企业云桌面产品或者产品解决方案？又该如何成功地部署企业云桌面，并有效地对其管理呢？

　　针对上述这些问题，作者将自己多年的从业经验，尤其是企业云桌面的项目实施经验进行梳理和总结，在根据实际项目环境搭建的实验环境的基础上写就了这本书。本书结合企业实际，从零开始分步骤地讲解了企业云桌面构建的全过程，跟随书中的内容学习和操作，相当于完整搭建了一整套企业云桌面。本书区别于许多只是基于实验环境或测试经验的书籍，着重介绍了作者实际项目经验，比如：

- 企业云桌面管理群集与企业云桌面群集分开部署，这样更有利于管理企业云桌面。
- 将大容量的存储分为多个卷，将企业云桌面部署到不同卷，减少因为某个卷出问题对企业云桌面的运行带来整体上的影响，将损失降到最低。
- 严格规范化 vSAN 群集 SSD 的数量及容量，以及 SAS 的数量及容量。

　　需要说明的是：本书中的企业云桌面是在一个实验环境中实现的，因为在自学中是不太可能有一个全真的企业环境提供给你去实验，所以必须搭建一个实验环境。本书中的实验环境使用了一台高配置的主机作为服务器，通过 VMware Workstation 模拟实现了企业云桌面，除了没有网络方面的配置，其他各方面的配置完全可供实际规划和部署企业云桌面时参考。

　　以下是本书的内容。全书共分为 11 章：

　　第 1 章，企业云桌面概述。本章介绍了什么是企业云桌面，应用企业云桌面能够为企业带来什么好处。

　　第 2 章，企业云桌面规划。本章介绍了某银行安全准入项目的企业云桌面规划、某社保中心企业云桌面的规划，最后结合项目讲解了本书的实验环境的规划。

第 3 章，部署存储服务器之 Openfiler。本章介绍了常用的存储，基于 Openfiler 的存储服务器的部署，以及对存储服务器的相应配置。

第 4 章，部署服务器虚拟化之 VMware ESXi。本章首先介绍了服务器虚拟化的基本概念，然后介绍了基于 VMware ESXi 的主机的安装与配置，并以此为基础准备数据库服务器，接下来介绍了 VMware vCetner Server 的安装与配置，最后介绍了虚拟机的管理以及群集的管理（包括 vSphere HA、VM Vmotion、Storage VMotoin 等高级功能）。

第 5 章，部署服务器虚拟化之 VMware vSAN。本章首先介绍了软件定义存储软件 VMware vSAN，然后介绍了 vSAN 的 ESXi 主机的安装与配置以及常规设置，接下来介绍了如何在 vCenter 中配置 vSAN 群集并管理 vSAN 群集中的虚拟机，从而实现不用后端接存储，只需要利用本地的 SSD 与 SAS 来提供存储功能。

第 6 章，部署桌面虚拟化之 Citrix XenDesktop。本章首先介绍了桌面虚拟化的概念，然后介绍了部署桌面虚拟化基础环境的准备工作，接下来介绍了如何部署桌面虚拟化服务器，以及企业云桌面的发布。

第 7 章，部署应用虚拟化之 Citrix XenApp。本章首先对 Citrix XenApp 进行了介绍，然后介绍了如何部署 XenApp 应用程序虚拟化服务器、如何通过 XenApp 发布应用程序。

第 8 章，配置企业网盘。本章介绍了非常实用的企业网盘的规划和配置。企业网盘对员工的文件集中存储、集中备份，这样增加了企业数据的安全性。

第 9 章，用户配置文件管理之 Citrix UPM。本章介绍了用户配置文件的管理与配置，能够实现用户不管在何处登录，都可以访问自己的云桌面。

第 10 章，部署负载均衡之 Citrix Netscaler VPX。本章首先对 Citrix Netscaler VPX 进行了介绍，然后介绍如何为企业云桌面配置负载均衡，如何通过 Netscaler VPX 发布企业云桌面到 Internet，以实现用户通过外网访问云桌面，最后介绍了企业云客户端 Dell Wyse T10 的配置。

第 11 章，企业云桌面运维。本章结合实际情况，讲解了企业云桌面的管理入口以及企业云桌面的日常运维工作。

本书的核心内容来源于作者的"大企业云桌面部署实战"公开课，在与出版社进行多次沟通后，最终决定写作本书。在公开课内容的基础上，作者花费了大量时间和精力全部重新做实验环境，重新截图，撰写各章节内容，前后花了两年的时间来完成本书。

有不少亲朋好友，包括作者的学生、同行，也包括作者的妻子，担心这本书从写作到出版花费这么长的时间内容会过时。实际上完全不必有这样的担心，根据本书介绍的企业云桌面的规划设计方法，2010 年某银行安全准入系统的架构设计依然在用，目前作者所在公司也在使用，还有更多企事业单位正在或者即将使用这种架构设计规划部署企业云桌面。也就是说，本书所介绍的企业云桌面的规划部署方案，是一种经得起时间考验的、通用性很强的架构设计方案，或许相应的软件版本会变化，但整体方法并不会过时。

在此要特别感谢妻子刘小路的支持，因为有她一直细心照顾着女儿刘可欣，我才可以有时间完成本书的写作；还要感谢本书的责任编辑王斌（IT 大公鸡）一直耐心细致地为本书审稿；最后感谢我的 Lync 视频课程的学员、同时也是好友的刘齐为本书提供了实验环境支持，没有他的大力支持，也就没有本书的面世。

由于作者的水平有限，本书涉及的知识点很多，书中难免有不妥与错误之处，欢迎大家与作者进行交流并指正。关于本书的任何问题、意见和建议，可以发邮件到 3313395633@qq.com 与作者联系。也可以加入本书读者 QQ 群进行交流：454544014（企业私有云平台实战）。

刘金丰

2019-2-25

目录

第1章
企业云桌面概述

目前企业信息化领域最流行的技术包括云计算、超融合、大数据等。企业云桌面则是将云计算技术落地实现得最好的应用之一。企业云桌面是什么？各种企业云桌面的解决方案有哪些？构建企业云桌面要注意的又有哪些？本章将对这些内容进行简明扼要的介绍。

本章要点：
- 企业云桌面概述。
- 企业云桌面的产品。
- 构建企业云桌面的简述。

1.1 什么是企业云桌面

企业云桌面是将存储虚拟化、网络虚拟化、服务器虚拟化、桌面虚拟化、应用程序虚拟化等虚拟化应用综合后，利用浏览器、瘦客户端、零客户端、云终端等最终提供给企业终端用户使用的云桌面。呈现在用户面前的只是一个桌面环境，一切应用都放到服务器上统一管理和分配，而无需用户操心。

企业云桌面为企业带来的好处有很多。

1. 节约成本

企业不用为员工频繁更新笔记本电脑、台式机，只要有网络，员工就可以利用浏览器，通过瘦客户端、平板电脑、移动设备非常方便地接入企业云桌面。

企业云桌面的瘦客户端使用寿命长，不容易损坏，排错难度低，桌面运维工作量少，可以节约更多管理成本、使用成本。众多企业都使用瘦客户端连接云桌面，比如：2010年某银行安全准入规划项目云桌面包括750台瘦客户端（目前已扩展到1000台以上）；2016年某社保中心云桌面规划项目云桌面包括100台瘦客户端。

2. 数据安全

1）用户不用再担心自己的数据会受到损失，运行企业云桌面的客户端设备坏了也不用担心，因为所有的数据全部集中存放在存储服务器上，可以对用户数据统一进行备份、恢复。

2）用户不用担心没有云桌面可用，任意一个桌面客户端设备出现了故障无法使用，或者要为新员工配置新的云桌面，几分钟就可以重新生成一个。

3）用户不用担心断电、断网，桌面客户端设备意外断电断网没有关系，再次登录企业云桌面，看到的内容仍然是上次断开时的，因为所有的云桌面存放在服务器虚拟化平台之上，提供各种冗余以保证任何单点故障不会引起数据丢失。

4）如果将外部设备接入内部网络，比如外部开发人员自己的笔记本电脑接入企业内部网络，会造成安全隐患，如病毒传播，内部资料的泄露等。使用企业云桌面后，开发人员不用再自带笔记本电脑接入内部网络工作，从而避免上述安全问题的发生。即使允许使用外部设备，也可以设定相应的权限，让开发环境中的数据不能上传或下载。

5）通过使用企业云桌面，就不用担心企业的核心数据会被带出公司泄露给竞争对手，因为所有终端的 USB 端口都将进行集中管控，只允许上传而不允许下载文件。

3. 简化管理

1）通过存储虚拟化将所有数据集中存储，从而避免用户数据分散存储造成的数据损失。

2）通过网络虚拟化将网络设备集中管理，从而优化核心网络的数据交换能力，提供更好的网络保障。

3）通过服务器虚拟化将各种服务器集中管理，为云桌面提供一个高可用环境，确保任何一台物理机死机后重启不影响虚拟服务器、云桌面的使用。

4）通过桌面虚拟化将用户桌面简单化、标准化、流程化地分配给用户，这样可以大大降低桌面终端维护的难度。

5）通过应用程序虚拟化将软件虚拟化后，同一个桌面中可兼容多个版本的软件（如 Office 2003、2007、2010、2013、2016）。用户不用担心多个版本的软件在使用上存在问题。

1.2 企业云桌面的产品方案

目前最流行的企业云桌面产品方案，也就是部署企业云桌面的各厂家产品组合，如表 1-1 所示。

表 1-1 企业云桌面产品方案

编号	企业云桌面产品组合	优　势	劣　势
1	VMWare 的 vSphere esxi 6.5 +vCenter 6.5 结合 Citrix 的 Xendesktop 7.11+XenApp 7.11+PVS 7.11+NetScaler VPX 11.1	业界公认的排名第一的企业云桌面解决方案，性能和易用性都是业界最好	价格较高，技术实现难度大
2	VMware 的 vSphere esxi 6.5+vCenter 6.5+Horizon View 7+ThinApp 5.1.1	业界公认的排名第二的企业云桌面解决方案，兼容性最好，性能和易用性其次	价格较高，技术实现难度大
3	Microsoft 的 Hyper-V 2016+SCVMM 2016+ 远程桌面服务（Windows Server 2016 中功能）	谈论得比较多但应用相对较少的企业云桌面解决方案，相对上面两种方案价格较为便宜，技术难度小	性能相对不够强大
4	Redhat 的 RHEV-M+RHEV-H	比较被认可的开源解决方案，价格比较便宜	比较难于配置和管理
5	华为的 Fusion Compute+Fusion Access+Fusion Manager	后来者居上，国产的企业云桌面解决方案，是政府信息化建设中考虑的首选	配置复杂，但相对其他方案更人性化一些
6	深信服、VERDE、易讯通	价格便宜	配置复杂

1.3　构建企业云桌面简述

构建企业云桌面包含多个方面的内容，比如：云桌面的需求分析、选型、规划、实施、运维等，本节将从以下几个方面对构建企业云桌面过程中各方面要注意的要点进行简单介绍，详细的内容将在后面章节讲解。

1.3.1　项目需求

在企业中关于构建企业云桌面的需求可以从如下几点考虑。

1）为什么要上这个项目？这个项目能解决哪些具体问题？

2）需要多少台虚拟服务器？CPU、内存、硬盘、网卡、带宽分别要求是什么？

3）需要多少台云桌面？CPU、内存、硬盘、网卡、带宽分别要求是什么？

4）未来 2 年或 5 年需要多少台虚拟服务器，多少台云桌面？

5）是否有 USB 加密狗的应用服务器？

6）是否有 Internet 访问需求？

7）是否全部采用瘦客户端，还是瘦客户端和浏览器的组合？

8）用户的工作类型是什么（日常办公人员、设计人员、视频人员等）？

9）是否有 3D 设计的云桌面需求？

1.3.2　项目规划

在明确项目需求后，就需要规划项目中需要的硬件、软件、网络、存储设备等，具体的规划要点如下。

1）采用哪种云桌面更适合目前企业需求？

2）存储虚拟化采用哪个品牌的产品？型号、容量应如何选择？硬盘（SSD/SAS/SATA）的品牌、型号、转速等又该怎样选择？是否考虑采用 VMWare vSAN 6.5 的分布式存储来实现存储功能？

3）存储交换机、核心交换机采用哪个品牌？什么型号？

4）服务器虚拟化采用哪个厂家的产品方案？比如：VMWare esxi、Microsoft Hyper-V、Citrix XenServer。

5）桌面虚拟化采用哪个厂家的产品方案？采用 Citrix Xendeskop 还是 VMware Horizon View。

6）应用程序虚拟化采用哪个厂家的产品方案？采用 Citrix XenApp 还是 VMWare ThinApp。

7）配置文件管理采用哪个厂家的产品方案？采用 Citrix-User Profile Management 还是组策略。

8）负载均衡采用哪个厂家的产品方案？采用 Citrix NetScaler VPX 还是 F5。

1.3.3　项目准备

根据项目规划，要为项目中所使用的资源做准备，资源准备齐全后方可进入项目实施。

项目准备需要进行如下几项：

    1）制定招投标计划，准备招投标。

    2）制定采购计划、询价、签订采购合同。

    3）确定服务提供商、项目经理、专家团队、工程师等。

    4）制定详细的规划文档，明确所有细节。

    5）确定所有存储设备、网络设备、服务器设备、软件及软件许可、终端设备的到位时间。

    6）制定详细的实施计划，明确各阶段应该做什么事，什么人负责，实施的效果，检验的标准。

    7）制定详细的项目规划、实施、验收文档标准。

1.3.4　项目实施

在项目准备工作完成后，就将进入项目实施阶段。项目实施前需要检查各项准备工作是否就绪，检查完成后，再进行项目实施，项目实施包括如下工作。

    1）检查项目准备是否全部到位。

    2）配置网络设备。

    3）配置存储服务器。

    4）配置服务器虚拟化。

    5）配置桌面虚拟化。

    6）配置应用程序虚拟化。

    7）配置负载均衡器。

    8）安装瘦客户端。

    9）测试企业云桌面。

1.3.5　项目运维

项目实施完成后，需要进行企业云桌面的日常运维工作。运维工作涉及的方面非常多，以下仅列了部分内容供参考。

    1）制定云桌面运维的每日工作、每周工作、每月工作。

    2）检查服务器是否开机、服务是否正常、时间是否正常。

    3）检查云桌面的环境的网络带宽是否有异常。

    4）测试云桌面的基本功能是否有问题。

    5）检查云桌面所涉及的服务器硬盘、内存、CPU、网络是否正常。

    6）登记每日问题汇总，做到每周总结，将频繁发生的问题的解决方法进行分享，从而降低事故率。

1.4　本章小结

本章为大家讲解了什么是企业云桌面，以及企业云桌面的分类，重点讲解了构建企业云桌面的过程。希望对大家了解企业云桌面有所帮助。

第2章
企业云桌面规划

任何 IT 项目的实施都离不开前期规划，如果规划不好，在后面将出现许多问题。企业云桌面的规划也是一样，如果规划不好，会导致项目实施不下去、项目实施过程中大量的问题无法解决，比如项目命名不规范，就可能导致项目实施后面临环境重做的情况。企业云桌面项目必须从规划开始将项目所涉及的内容全部规划进去，做到项目中可能用到的全部提前规划好。并且任何一个企业云桌面的项目规划，都应该经过实验环境模拟验证后，确保无任何问题了，再在生产环境中去实施。

本章将介绍本书要搭建的企业云桌面的实验环境的规划，虽说是实验环境，但也来自项目与实验结合后形成的规划。按实验环境规划稍作改变，即可用于项目规划之中。

本章要点：
- 介绍企业云桌面的典型方案产品组合。
- 概述企业云桌面的真实案例规划方案。
- 重点讲解企业云桌面实验环境的准备。

2.1 企业云桌面规划的典型方案（产品组合）

目前在大中型企业实施企业云桌面规划时，通常采用的是以下的典型方案（产品组合）。
- 存储虚拟化：采用光纤存储、ISCSI 存储、VMware VSAN 6.5 软件定义存储，提供数据存储。
- 网络虚拟化：采用 Cisco 或者华为的网络虚拟化技术提供网络保障。
- 服务器虚拟化之企业云桌面管理群集：每个群集采用多台 Microsoft Hyper-V 2016 主机（或者多台 VMware esxi 6.5）提供企业云桌面管理服务器的虚拟服务器。
- 服务器虚拟化之企业云桌面的桌面群集：每个群集采用多台 Microsoft Hyper-V 2016 主机（或者多台 VMware esxi 6.5）提供企业云桌面的虚拟桌面。
- 桌面虚拟化：采用 Citrix XenDestkop 7.11 或者 VMware Horizon View 7.3 提供企业云桌面的新建、发布、管理。

- 应用程序虚拟化：采用 Citrix XenApp 7.11 或者 VMware ThinApp 5.1.1 提供企业云应用的新建、发布、管理。
- 负载均衡设备：采用 Citrix Netscaler VPX 11.0 或者 F5 提供企业云桌面、企业云应用的安全发布。

此类大中型企业云桌面典型方案的架构图如图 2-1-1 所示。

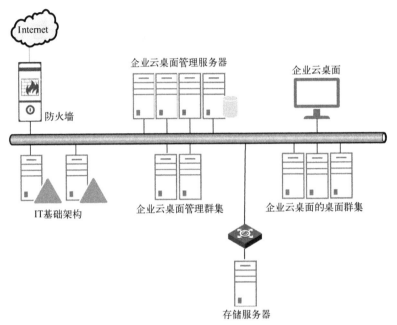

图 2-1-1　大中型企业云桌面规划典型方案的架构图

2.2　企业云桌面规划的真实案例

本节主要介绍两个企业云桌面的真实案例，这两个案例的规划方案都是基于上述的大中型企业云桌面典型方案来规划建设的。案例一是 2016 年某社保中心的企业云桌面规划方案，采用了两台 Hyper-V 主机提供企业云桌面管理群集，利用 3 台 VMware esxi 6.5（vSAN 6.5）提供企业云桌面的桌面群集，利用 Citrix XenDesktop 7.11 提供企业云桌面，利用 Citrix XenApp 提供企业云应用，利用 Citrix NetScaler 对外发布云桌面；案例二是 2010 年某银行的安全准入系统规划方案，利用 20 台 Hyper-V 2008 R2 主机组成 4 个群集，其中 1 个群集为两台 Hyper-V 2008 R2 主机组成的管理群集，其中 3 个群集分别为 6 台 Hyper-V 2008 R2 主机组成的企业云桌面群集，再通过 Citrix Xendesktop 发布虚拟桌面提供给企业员工使用。

2.2.1　案例 1：某社保中心企业云桌面规划

本节介绍 2016 年某社保中心企业云桌面规划中所涉及的重点内容。该项目非常有参考意义，从规划、测试、实施前后经过了近 3 个月，涉及了微软的服务器虚拟化产品 Hyper-V

2016、VMWare 的服务器虚拟化产品 vSAN 6.5、Citrix 的桌面虚拟化产品 Xendesktop 7.11、Citrix 应用程序虚拟化产品 XenApp 7.11、Citrix 负载均衡产品 NetScaler VPX 11.0 及云终端设备 DELL Wyse T10。

该项目的难点为：使用 vSAN 6.2 还是最新的 vSAN 6.5。从项目的稳定性、可用性等方面综合考虑后，采用了 vSAN 6.5 与 XenDesktop 7.11 的产品组合。为什么选择这一组合？

使用 vSphere 6.0+Xendesktop 7.7 的组合时，测试中未出现任何问题。这次选择 vSAN 6.2 后再测试时出现了问题：通过 Xendesktop 的 MCS 批量创建云桌面时，第一次可能全部创建成功，后面不管创建 10 台、20 台、30 台总会有几台不成功。

将 vSAN 6.2 和 Xendesktop 卸了装，装了卸，前后测试不下 5 次，最终换成了 vSAN 6.5 和 Xendesktop 7.11 的组合才算稳定下来。最终因为可用性，选择了 vSAN 6.5 +Xendesktop 7.11 的产品组合来实施此项目。

以下是该社保中心企业云桌面项目规划的重点部分以及关键点总结。

（1）项目整体架构

该项目结合 VMware vSAN 6.5 进行规划，可保证云桌面管理服务器与云桌面的安全性、可靠性、可用性，整个项目的架构图如图 2-1-1 所示。

（2）遵循管理群集与云桌面群集分开原则

为什么考虑将管理群集与云桌面群集分开呢？如果不分开，势必造成管理群集与云桌面群集的虚拟机放一起，这会非常乱，如果管理不当，服务器有可能出现问题，从而影响企业云桌面的正常运作，所以建议将这两个群集分开。

企业云桌面管理群集：采用 Hyper-V 2016 后端接存储，用来部署云桌面管理服务器（vdb、vCenter、CTXSLic01\CTXSF01\CTXDDC01\ CTXPVS01\CTXNSVPX01）。

企业云桌面的桌面群集：采用 vSAN 6.5 部署 100 台云桌面和云桌面管理服务器 CTXXenApp01\ vCOM01。

（3）云桌面产品组合

在第 1 章中介绍的企业云桌面的产品组合在这个项目中得以全面体现，整个项目涉及的产品包括：Hyper-V 2016、VMWare vSAN 6.5、vCenter 6.5、XenDesktop 7.11、XenApp 7.11、NetScaler VPX 11.1。

注：不建议采用 vSAN 6.0 U2 + Xendeskop 7.11（7.7、7.6）等的组合，在通过脚本批量创建 WinXP，或者通过 Xendesktop 的 MCS 结合 vCenter 6.0 批量创建 Win7 的企业云桌面的时候，采用上述组合第一次创建 50 台或者 10 台云桌面可行，但后续无论创建多少台云桌面其中总有几台有问题，无法实现使用 MCS 来批量创建企业云桌面。

（4）基础架构服务器

总共配置两个结点，每个结点上面运行一台虚拟机，分别存放一台域控制器和 DNS 服务器（DC\DNS）、目的是保证在任何一台物理机死机时，不影响云桌面的运行。另外，DC\DNS 采用的是虚拟机，这样可以很方便地将其导出并导入到其他服务器上使用。

（5）企业云桌面管理群集

配置企业云桌面管理群集目的是保证各管理服务器的物理机的高可用性，在任何一台物理机死机的情况下不影响各管理服务器的运行。本项目采用 Hyper-V 2016 群集作为管理群集是因为，其不需要单独的管理服务器针对 Hyper-V 进行管理即可实现高可用，实现故障切换，如果换成 vSphere 配置群集则一定需要借助于 vCenter 才可以实现上述目标，这就要考虑部署了 vCenter 的这台管理服务器存放的具体位置，比较烦琐。企业云桌面管理群集主要针对物理服务器、系统盘、网卡、VLAN 等进行规划，如表 2-2-1-1、表 2-2-1-2 所示。

表 2-2-1-1 管理群集规划之一

功能	品牌/型号	系统盘	数据盘(光纤存储)	网卡
管理群集	DELL R900	2×600GB SAS RAID1	Q:1-Quorum:10GB M:2-MSDTC:50GB H:3-Storage- Hyper-V -01:20TB S:4-Storage-Sql-01:40TB	两个万兆光纤网卡（Sql） 两个万兆光纤网卡（Hyper-V） （4 个千兆网卡和万兆网卡） 心跳 （两个千兆网卡）
	DELL R900	2×600GB SAS RAID1		两个万兆光纤网卡（Sql） 两个万兆光纤网卡（Hyper-V） （4 个千兆网卡和万兆网卡） 心跳 （两个千兆网卡）

表 2-2-1-2 管理群集规划之二

功能	计算机名	网卡	IP	VLAN	CPU	内存(GB)
管理群集	031-Sql01.contoso.com	1-Public-Sql(G8-G9) 1-Public-HV(G6-G7) 2-Private(D1-D2)	172.16.1.31 172.16.1.33 172.16.2.31	401 402	4×Inter(R) Xeon(R) CPU X7460 @2.66GHz	128
	032-Sql02.contoso.com	1-Public-Sql(G8-G9) 1-Public-HV(G6-G7) 2-Private(D1-D2)	172.16.1.32 172.16.1.34 172.16.2.32	401 402	4×Inter(R) Xeon(R) CPU X7460 @2.66GHz	128

（6）企业云桌面的桌面群集

企业云桌面的桌面群集包括所有云桌面的 100 台虚拟机。由于客户目前的环境中存储性能不能满足需求，但所有其他硬件正好能满足 VMware vSAN 的需求，所以采用 VMware vSAN 6.5 作为云桌面的桌面群集的管理配置软件。企业云桌面的桌面群集主要规划系统盘、网卡、存储、RAID 卡、VLAN、内存等，配置情况如表 2-2-1-3 和表 2-2-1-4 所示。

表 2-2-1-3 云桌面群集规划之一

功能	品牌型号	RAID 卡	系统盘	数据盘（vSAN 6.5）	网卡
云桌面群集	DELL R930	DELL H730P	2×600GB SAS RAID1	vSAN（直通）2×480GB Inter SSD DC S3510 6×1.2TB 15000 SAS	● 两个数据+VSAN 和 vMotion（4 个万兆光纤网卡） ● 两个用于管理（两个千兆网卡）
	DELL R930	DELL H730P	2×600GB SAS RAID1	vSAN（直通）2×480GB Inter SSD DC S3510 6×1.2TB 15000 SAS	两个数据+VSAN 和 vMotion（4 个万兆光纤网卡） 两个用于管理（两个千兆网卡）
	DELL R930	DELL H730P	2×600GB SAS RAID1	vSAN（直通）2×480GB Inter SSD DC S3510 6×1.2TB 15000 SAS	两个数据+VSAN 和 vMotion（4 个万兆光纤网卡） 两个用于管理（两个千兆网卡）

表 2-2-1-4　云桌面群集规划之二

功能	计算机名	网卡	IP	VLAN	CPU	内存(GB)
云桌面群集	011-esxi01.contoso.com	1-Management Network 2-vMotion Network 2-VM Network 3-vSAN Network	172.16.1.11 172.16.2.11 172.16.3.11	401 402 403	4×14 核× inter(R) Xeon(R) CPU E7-4850 v3 @2.20GHz	512
	012-esxi02.contoso.com	1-Management Network 2-vMotion Network 2-VM Network 3-vSAN Network	172.16.1.12 172.16.2.12 172.16.3.12	401 402 403	4×18 核 inter(R) Xeon(R) CPU E7-8880 v3 @2.30GHz	512
	013-esxi03.contoso.com	1-Management Network 2-vMotion Network 2-VM Network 3-vSAN Network	172.16.1.13 172.16.2.13 172.16.3.13	401 402 403	4×18 核 inter(R) Xeon(R) CPU E7-8880 v3 @2.30GHz	512

（7）云桌面规划

本方案采用 WinXP X86 和 Win7 X86 作为企业云桌面的操作系统。用于安装操作系统的 WinXP 系统盘分配 30GB 存储，Win7 系统盘分配 35GB 存储。用于存放用户数据的数据盘采用网盘形式配置，按 200 个用户配置。共需使用 10TB 存储，考虑到扩展需求，计划配置 15TB 存储，再结合微软的磁盘配额限制每个用户最大数据存储量为 50GB。

Windows XP 的云桌面的 WinXP VDA 采用 Xendesktop 5.6 VDA + FP1 方式发布现有桌面。Windows 7 的云桌面的 Win7 VDA 采用 Xendestkop 7.11 VDA，利用 MCS 结合 vCenter 6.5 批量发布桌面。

云桌面的命名方式应直观地体现各部门各单位，从而方便管理，企业云桌面命名方式建议列举如下：

1）云桌面-XX-第 XX 师 XX 团-vWin7-XX1。

2）云桌面-XX-第 XX 师 XX 团-vWinXP-XX1。

3）云桌面-01-总裁室-vWin7-ZC01。

4）云桌面-02-财务部-vWin7-CW01。

（8）云桌面终端设备规划

考虑成本的因素，整个项目采用 100 台左右 9 成新的 DELL Wyse T10 作为用户接入的终端设备，价格含税 600 元/台左右，在使用效果上速度、功能、易用性等方面都很好，性价比非常高。

2.2.2　案例 2：某银行安全准入系统规划

本节将讲解作者在 2010 年所做的某银行安全准入系统规划的重点部分。该项目实施以前，该银行面临的主要问题是：

1）员工使用自己的笔记本电脑，容易将开发所用的数据及源代码带出开发区域。

2）员工可任意上 Internet，容易将数据随意地发送出去，未对上网行为进行管控。

3）未对开发环境中病毒、木马、补丁等进行合规性检查。

针对以上问题，主要考虑从以下几个方面去解决问题：

1）引入安全准入系统，对网络环境进行管控。

2）所有外包开发人员及项目经理，不允许自带开发所用笔记本电脑和台式机进入开发中心，统一使用瘦客户端连接网络开发环境进行开发工作。

3）使用即时消息系统（ocs）在开发区域与办公区域之间进行日常工作沟通。

4）使用 TMG 结合 XenApp 进行上网行为管理，允许用户上网查询资料但不允许下载资料。需要下载的资料到网吧区域进行下载，上传到自己的开发所用的云桌面，通过应用策略限制，不允许从开发环境中将数据复制带走。

5）所有供开发使用的虚拟机由各项目经理统一管理开机、关机、重启。

针对安全准入系统的重点规划部分介绍如下。

1）存储部分采用 HP P4500G2 iSCSI 存储解决方案，把数据集中存储在 24 台高可靠性的 HP LeftHand P4500G2 存储设备上。按照 750 个云桌面的需求，云桌面运行在 18 台 HP BL465G7 刀片服务器上，每个云桌面按 50GB 容量来算，总共大约需要 40TB 的存储空间，加上冗余量约需要 45TB 的可用存储。整个存储采用 24 台 ISCSI 存储服务器提供服务，其中底层的硬盘使用 RAID5，在上层通过 HP Cluster 管理软件划分为 3 个群集，在这之上再新建卷（每个卷 1TB，采用 RAID10 的方式），每台 Hyper-V 接 10 个 1TB 的数据卷用于存放云桌面，接 1 个 10GB 的卷作为仲裁盘，用于对 Hyper-V 群集的故障转移使用。

2）服务器虚拟化使用 Windows Server 2008 R2 安装 Hyper-V，组建 Hyper-V 群集，其中在 18 台 HP BL465G7 刀片服务器形成虚拟池来提供 750 个云桌面使用，在另外 2 台 HP BL465G7 刀片服务器形成虚拟池来提供安全准入系统的管理服务器使用。

3）桌面虚拟化采用 Citrix Xendesktop 进行云桌面的统一新建、分配和日常管理。

4）应用程序虚拟化采用 Citrix XenApp 进行常用软件的分发，减少软件使用、安装问题。

5）安全准入系统采用微软的 System Center 产品进行管理，比如 SCVMM 针对虚拟机进行管理、虚拟机的实时迁移，资源分配等；SCOM 针对此环境中的服务器、云桌面的 CPU、内存、硬盘、网络进行监控，快速地定位问题所在；SCDPM 针对本环境上重要的数据进行备份，方便在系统发生故障的时候进行快速恢复，从而减少损失。

6）瘦客户端采用国光和升腾的产品，通过 IE 对云桌面进行访问。

2.3 企业云桌面实验环境规划

本节介绍本书中涉及的实验环境的规划。

企业云桌面为什么选择 VMWare 服务器虚拟化+Citrix 的桌面虚拟化+Citrix 应用程序虚拟化的组合来实现呢？是因为这种组合是至今为止企业使用最多的"黄金搭档"，从性能方面、可用性方面都是最好的组合。

为什么在实验环境中也采用两个群集呢?是因为要遵循前面提到的企业云桌面管理群集和企业云桌面桌面群集严格分开的原则，避免管理服务器与企业云桌面都部署在同一个群集中，从而造成管理的不方便，或者误操作对环境造成的影响。

在项目规划中会涉及很多细节，企业云桌面实验环境规划包括存储、网络、服务器虚拟化、桌面虚拟化、应用程序虚拟化、负载均衡等多个方面。

2.3.1　实验环境的拓扑图

实验环境的结构按照以下拓扑图来实现（如图 2-3-1-1 所示）。该结构来源于实际项目，本书后续内容实际上就是围绕此拓扑结构一一展开的。

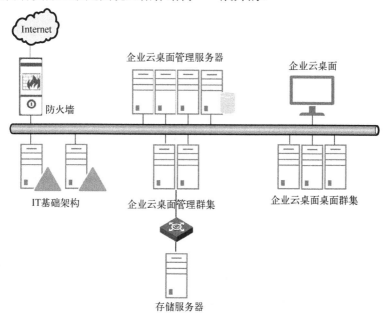

图 2-3-1-1　实验拓扑图

2.3.2　实验环境

实验环境的物理服务器硬件配置如表 2-3-2-1 所示，在此服务器上面安装 Windows Server 2012 R2 后，再安装 VMware Workstaion 12Pro，在上面新建实验的虚拟机（模板机）来模拟即可完成本书所介绍的各项内容，模板机的配置如表 2-3-2-2 所示。

表 2-3-2-1　实验环境的物理服务器配置

编号	项　　目	参　　数
1	设备类型	物理机
2	功能	企业云桌面测试服务器
3	品牌/型号	DELL PowerEdge R730
4	CPU	inter(R) Xeon(R) CPU E5-2609 v3 @1.90GHz (12 CPUs)
5	内存	128GB
6	硬盘	6×900GB RAID10　C:100GB D:300GB E:2TB
7	网卡	8 个（4 千兆/4 万兆）
8	计算机名	010-VMWare01
9	IP	172.16.98.121
10	操作系统	Windows Server 2012 R2 Datacenter

表 2-3-2-2　模板机配置

编号	项　　目	参　　数
1	设备类型	VMware Workstation Pro 12.5.2 虚拟机
2	功能	模板机
3	计算机名	001-Win2012R201
4	CPU	inter(R) Xeon(R) CPU E5-2609 v3 @1.90GHz (2 CPUs)
5	内存	4GB/根据服务器的需求后续再调
6	硬盘	C:100GB D:300GB E:100GB
7	网卡	1 张
8	IP	10.1.1.1
9	操作系统	Windows Server 2012 R2 Datacenter
10	ISO 位置	E:\Cloud\0-Tool\02-操作系统\Windows Server 2012 R2
11	ISO	cn_windows_server_2012_r2_x64_dvd_2707961.iso
12	虚拟机安装位置	E:\Cloud\1-VM\001-Win2012R201

该物理服务器需要安装的软件如下。

1）虚拟机。

● VMware Workstation 12 Pro for Windows

VMware-workstation-full-12.5.2-4638234.exe

2）操作系统。

● Windows Server 2012 R2

cn_windows_server_2012_r2_x64_dvd_2707961.iso

● Windows 8.1 Enterprise (x64)

cn_windows_8_1_enterprise_x64_dvd_2971863.iso

3）存储服务器软件。

● Openfiler NAS-SAN Appliance, version 2.99

openfileresa-2.99.1-x86_64-disc1. iso

4）数据库软件。

● SQL Server 2012 Enterprise Edition with Service Pack 1

cn_sql_server_2012_enterprise_edition_with_sp1_x64_dvd_1234495.iso

5）服务器虚拟化软件。

● vSphere Enterprise Plus 6.5

VMware-VMvisor-Installer-6.5.0-4564106.x86_64.iso

● vCenter Server Standard 6.5

VMware-VIM-all-6.5.0-4602587.iso

6）应用程序虚拟化和桌面虚拟化软件。

● XenApp 7.11-XenDesktop 7.11

（XenApp_and_XenDesktop_7_11.iso）

● Office Professional Plus 2013 VOL (x64)

SW_DVD5_Office_Professional_Plus_2013_64Bit_ChnSimp_MLF_X18-55285.iso

7）用户配置文件管理软件。

● Profile Management 5.2.1

ProfileMgmt-5.2.1.zip

8）负载均衡软件。

● NetScaler VPX 11.0

NSVPX-ESX-11.0-68.10_nc.zip

2.3.3　存储规划

本书中使用开源的存储管理软件 Openfiler 2.99.1 来模拟生产环境中的 iSCSI 存储，提供给企业云桌面管理群集和企业云桌面使用。存储服务器的基本配置如表 2-3-3-1 所示；存储服务器存储容量、卷的规划如表 2-3-3-2 所示；存储服务器存储卷的规划如表 2-3-3-3 所示。

表 2-3-3-1　存储服务器的基本配置

存储管理软件	计算机名	IP	内存	CPU	系统盘	备注
Openfiler	021-Openfiler01.i-zhishi.com	10.1.2.21	4	2	100GB	

表 2-3-3-2　存储服务器的存储容量、卷的规划

编号	容量	卷（模拟项目）	使用者
1	2TB×2	1TB+1TB	企业云桌面管理群集
2	2TB×2	1TB+1TB	企业云桌面的桌面群集

表 2-3-3-3　存储服务器的存储卷规划

编号	卷组	容量	Network ACL	服务器	服务器连存储 IP
1	Volume-iSCSI-exsi-01	1TB	iSCSI-esxi 10.1.2.0	031-exsi01	10.1.2.31
2	Volume-iSCSI-exsi-02	1TB		032-exsi02 033-exsi03	10.1.2.32 10.1.2.32

2.3.4　网络规划

在本书中没有具体涉及三层交换机或者核心交换机的规划与配置，但也模拟了生产环境中的多个网络，将各网络分开管理，比如管理网络、存储网络、VMotion 网络、FT 网络都分开，在生产环境中参考本书进行规划设计即可。本书中针对存储服务器的 VLAN 规划，如表 2-3-4-1 所示。

表 2-3-4-1　存储服务器的 VLAN 规划

编号	计 算 机 名	网 络 名 称	IP	VLAN
0	021-Openfiler01.i-zhishi.com	2-iSCSI Network	10.1.2.21	1002
1	031-exsi01.i-zhishi.com	1-Management Network	10.1.1.31	1001
		2-iSCSI Network	10.1.2.31	1002
		3-vMotion Network	10.1.3.31	1003
		4-FT Network	10.1.4.31	1004
2	032-exsi02.i-zhishi.com	1-Management Network	10.1.1.32	1001
		2-iSCSI Network	10.1.2.32	1002
		3-vMotion Network	10.1.3.32	1003
		4-FT Network	10.1.4.32	1004
3	033-exsi03.i-zhishi.com	1-Management Network	10.1.1.33	1001
		2-iSCSI Network	10.1.2.33	1002
		3-vMotion Network	10.1.3.33	1003
		4-FT Network	10.1.4.33	1004
4	041-exsi01.i-zhishi.com	1-Management Network	10.1.1.41	1001
		2-vSAN Network	10.1.2.41	1002
		3-vMotion Network	10.1.3.41	1003
5	042-exsi02.i-zhishi.com	1-Management Network	10.1.1.42	1001
		2-vSAN Network	10.1.2.42	1002
		3-vMotion Network	10.1.3.42	1003
6	043-exsi03.i-zhishi.com	1-Management Network	10.1.1.43	1001
		2-vSAN Network	10.1.2.43	1002
		3-vMotion Network	10.1.3.43	1003
7	044-exsi04.i-zhishi.com	1-Management Network	10.1.1.44	1001
		2-vSAN Network	10.1.2.44	1002
		3-vMotion Network	10.1.3.44	1003

2.3.5　服务器虚拟化规划

企业云桌面的服务器虚拟化规划使用 VMware ESXi 6.5 部署实现。

在本书中主要介绍了两类服务器虚拟化环境，服务器虚拟化之一是 3 台 vSphere esxi 6.5 后端接 Openfiler 2.99.1 的 iSCSI 存储提供虚拟机；服务器提供支持；服务器虚拟化之二是 4 台 vSphere esxi 6.5 主机后端不接存储，利用每台主机硬盘（480GB SSD+1.2 TB SAS）组成 vSAN 6.5 群集。具体细节请参考后续章节。

2.3.6　桌面虚拟化规划

企业云桌面的桌面虚拟化规划采用的是 Citrix Xendesktop 7.11。主要涉及如下配置：

● 配置 1 台数据库服务器。

14

- 配置 1 台 Citrix 许可证服务器。
- 配置 1 台 Citrix StoreFront 服务器。
- 配置 1 台 Citrix Delivery Controller、Citrix Studio、Citrix Director 服务器。
- 配置 1 台 DELL Wyse T10 企业云终端。

2.3.7　应用程序虚拟化规划

企业云桌面的应用程序虚拟化采用的 Citrix XenApp 7.11 与 Xendesktop 7.11 配合使用。

本书采用 1 台 XenApp 7.11 虚拟化服务器放置在企业云桌面群集中。应用程序虚拟化使用 Citrix XenApp 7.11 来发布 Office 2013 和 IE 浏览器，为企业员工提供应用程序，其他应用程序请参考本书中方法发布应用程序。

2.3.8　负载均衡规划

本书采用 1 台 NetScaler VPX 11.0 虚拟化服务器作为负载均衡器放置在企业管理群集中。负载均衡软件使用 Citrix NetScaler VPX 11.0，实为企业员工提供在 Internet 上面通过浏览器访问企业云桌面。

2.4　本书实验环境的部署

2.4.1　准备物理机

在本书的学习过程中，主要使用 1 台物理机作为服务器来模拟企业云桌面的环境，并实现主要功能。

按实验规划准备 1 台能够接入 Internet 的服务器，其配置如下。

- 服务器品牌\型号：DELL R730。
- CPU：inter(R) Xeon(R) CPU E5-2609 v3 @1.90GHz (12 CPUs) 及以上。
- 内存：128GB 及以上。
- 硬盘：6×900GB RAID10，容量至少大于 2TB，而且需做 RAID1 或者 RAID10。
- 网卡：8 个，仅用 1 个即可。

2.4.2　准备虚拟机软件

在作为服务器的物理机上安装虚拟机软件 VMware Workstation Pro 12.5.2，并为整个实验环境的企业云桌面的虚拟机新建相应的文件夹，后续企业云桌面的所有虚拟机将通过它来创建与管理，如图 2-4-2-1 所示。

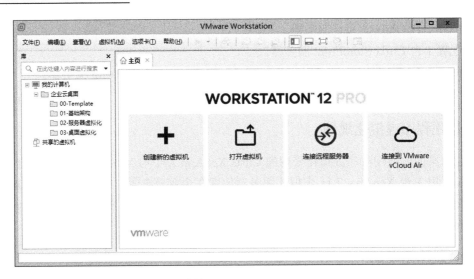

图 2-4-2-1　安装 VMware Workstation Pro 12.5.2

2.4.3　准备模板机

为了后续的企业云桌面规划与部署更简单、更方便地进行，需要安装一台操作系统为 Windows Server 2012 R2 的模板机，将模板机通过 Sysprep 封装后，所有需要使用操作系统为 Windows Server 2012 R2 的虚拟机都通过此虚拟机进行克隆，批量产生多台虚拟服务器。模板机的基本配置信息如表 2-4-3-1 所示。

表 2-4-3-1　模板机配置

编号	项　目	参　数	备　注
1	设备类型	VMware Workstation Pro 12.5.2 虚拟机	
2	功能	模板机	
3	计算机名	001-Win2012R201	
4	CPU	inter(R) Xeon(R) CPU E5-2609 v3 @1.90GHz (2 CPUs)	
5	内存	4GB/根据服务器的需求后续再调	
6	硬盘	6×900GB RAID10　C:100GB D:300GB E:2TB	
7	网卡	1 个	
8	IP	10.1.1.1	
9	操作系统	Windows Server 2012 R2 Datacenter	
10	ISO 位置	E:\Cloud\0-Tool\02-操作系统\Windows Server 2012 R2	
11	ISO	cn_windows_server_2012_r2_x64_dvd_2707961.iso	
12	虚拟机安装位置	E:\Cloud\1-VM\001-Win2012R201	
13	快照	001-OS-ON	

以下是准备模板机的步骤：

1）首先新建一个虚拟机作为模板机，步骤如下。

● 在"主页"对话框中选择"创建新的虚拟机"。

● 在"欢迎使用新建虚拟机向导"对话框中选择"自定义（高级）"。

● 在"安装客户机操作系统"对话框中选择"稍后安装操作系统"。

● 在"选择客户机操作系统"对话框中选择"Microsoft Windows"，从"版本"下拉框中选择"Windows Server 2012"。

● 在"命名虚拟机"对话框中输入"虚拟机名称"为"001-Win2012R201"，选择"位置"为"E:\Cloud\1-VM\001-Win2012R201"。

● 在"处理器配置"对话框中选择"处理器数量"为 2，选择"每个处理器的核心数量"为 2。

● 在"此虚拟机的内存"对话框中选择"此虚拟机的内存"为 4GB。

● 在"网络类型"对话框中选择"使用桥接网络"。

● 在"指定磁盘容量"对话框中输入"最大硬盘大小"为 500GB。

● 在"指定磁盘文件"对话框中选择"E:\Cloud\1-VM\001-Win2012R201"。

● 在"自定义硬件"对话框中选择"新 CD/DVD（IDE）"，再选择"使用 ISO 映像文件"为"cn_windows_server_2012_r2_x64_dvd_2707961.iso"。

● 将虚拟机文件移动到"我的计算机\企业云桌面\00-Template"文件夹中。

创建完成的模板机如图 2-4-3-1 所示。

图 2-4-3-1　模板机创建完成

2）将作为模板机的名为 001-Win2012R201 虚拟机开机，为其安装操作系统，具体配置如表 2-4-3-2 所示，安装完成后，模板机的计算机名、IP、操作系统版本如图 2-4-3-2 所示。

表 2-4-3-2 模板机操作系统配置

编号	项　目	参　数	备　注
1	计算机名	001-Win2012R201	
2	IP	10.1.1.1	
3	操作系统	Windows Server 2012 R2 Datacenter	
4	System(C:)	100GB	
5	DATA(D:)	300GB	
6	Backup(E:)	100GB	
7	CD-ROM(F:)		
8	远程桌面	允许	
9	隐藏图标	操作中心图标和音量图标	
10	设置日期和时间显示格式	2018-01-01 12:12:12	
11	时期的日期格式	短时间 yyyy-M-d	
12	时间的时间格式	短时间 HH:mm	
13	IE 增强的安全设置	关闭（管理员、用户）	
14	Windows 防火墙	关闭（专用网络、来宾或专用网络）	
15	设置自动更新	自动更新	
16	添加功能	.net 3.5 路径: F:\sources\sxs	
17	添加功能	桌面体验	
18	添加功能	Telnet 客户端	
19	Windows 激活	激活	
20	Windows 更新	安装更新	
21	快照	002-OS-OK	

图 2-4-3-2 模板机操作系统、计算机名、IP 地址

3）将模板机 001-Win2012R201 封装，后续规划部署中涉及的服务器将通过此封装的虚拟机克隆后产生，封装涉及的项目如表 2-4-3-3 所示。

表 2-4-3-3 模板机封装涉及项目

编号	项目	参 数	备注
1	封装工具	Windows Assessment and Deployment Kit (ADK) for Windows® 8	
2	安装封装工具	\\172.16.98.121\Windows 8.1 ADK	不能把 Windows 8.1 ADK 安装复制到虚拟机中安装，这样会增加虚拟机所占空间
3	Windows 评估和部署工具包 for Windows 8.1 选择安装的功能	部署工具、Windows 预安装环境（Windows PE）	
4	选择封装工具	Windows 系统映像管理器	
5	复制 ISO	将 cn_windows_server_2012_r2_x64_dvd_2707961.iso 复制到 C:\Tool\	用于模板机封装系统
6	选择映像	Windows Server 2012 R2 Datacenter	选择封装的操作系统版本
7	新建应答文件	C:\Winodws\System32\sysprep\Untitled-Base_Win2012R2.xml	将后续设置保存在此文件中
8	Components	AMD64_Microsoft-Winows-Shell-Setup-6.3.9600.16384_neutral	
9	AutoLogon-Password	传送 7 oobeSystem(7)	
10	在 7 oobeSystem(7) 设置 AutoLogon	Domain:i-zhishi.com Enable:true LogonCount:999 Username:Administrator	设置登录次数，登录用户等
11	OOBE	传送 7 oobeSystem(7)	选择 OOBE
12	在 7 oobeSystem(7) 设置 OOBE	NetworkLocation:Work SkipMachineOOBE:true SkipUserOOBE:true	设置为跳过计算机用户设置
13	UserAccounts-AdministratorPassword	传送 7 oobeSystem(7)	
14	在 7 oobeSystem(7) 设置 AdministratorPassword	Value:Aa123456	
15	挂载任何 ISO	不挂载	
16	删除 ISO	删除为封装而复制的 ISO：C:\Tool\ 下面的 IRM_SSS_X64FRE_ZH-CN_DV5 目录	
17	备份 XML 文件	备份 Untitled-Base_Win2012R2.xml 到 C:\Tool\	
18	快照	003-OS-Sysprep-on	
19	封装	进入目录：CD C:\Windows\System32\sysprep 执行封装命令：Sysprep /generalize /oobe /shutdown /unattend:Untitled-Base_Win2012R2.xml	
20	封装测试	开机检查各设置是否正常	
21	再次封装	进入目录：CD C:\Windows\System32\sysprep 执行封装命令：Sysprep /generalize /oobe /shutdown /unattend:Untitled-Base_Win2012R2.xml	
22	快照	004-OS-Sysprep-OK	
23	备份-模板机	备份模板机：E:\Cloud\1-VM\001-Win2012R201 到如下文件夹中 E:\Cloud\1-VM\001-Win2012R201_Backup	

2.4.4 克隆虚拟机

制作模板机的最主要目的是简化整个部署，本节以 011-DC01.i-zhishi.com 这台虚拟机为例讲解克隆虚拟机的操作步骤。

1）克隆虚拟机前，先要确认需要克隆的服务器的基本配置，如表 2-4-4-1 所示；需要克隆的服务器最终存放位置如图 2-4-4-1 所示。

表 2-4-4-1   需要克隆的服务器基本配置

编号	项目	值	备注
1	角色	ADDS\DNS\ADCS\DHCP\	
2	软件	\	
3	计算机名	011-DC01.i-zhishi.com	
4	IP	10.1.1.11	
5	操作系统	Windows Server 2012 R2	
6	虚拟机位置	我的计算机\企业云桌面\ 01-基础架构\	
7	虚拟机文件夹位置	E:\Cloud\1-VM\011-DC01.i-zhishi.com	

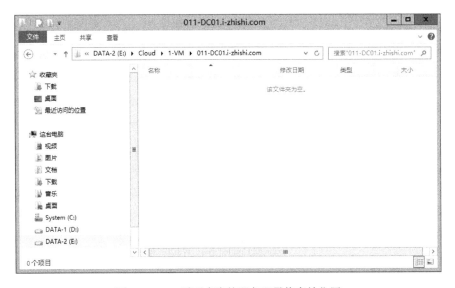

图 2-4-4-1   需要克隆的服务器最终存放位置

2）单击模板机"001-Win2012R201"，单击"菜单栏"中"虚拟机"，选择"快照"，再选择"快照管理器"，如图 2-4-4-2 所示，单击"克隆"按钮。

3）在弹出的"克隆虚拟机向导"对话框中单击"下一步"按钮，如图 2-4-4-3 所示。

图 2-4-4-2 快照管理器

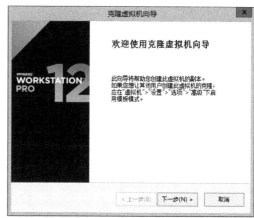

图 2-4-4-3 克隆虚拟机向导

4）在"克隆源"对话框中，选择"克隆自"中的"虚拟机中的当前状态"选项，如图 2-4-4-4 所示，单击"下一步"按钮。

5）在"克隆类型"对话框中选择"创建完整克隆"选项，如图 2-4-4-5 所示，单击"下一步"按钮。注意：为了实验的管理方便性，请不要选择链接克隆，虽然链接克隆占用空间小。

图 2-4-4-4 选择克隆源

图 2-4-4-5 选择克隆类型

6）在"新虚拟机名称"对话框中输入计算机名和选择位置，如图 2-4-4-6 所示，单击"完成"按钮。

7）在"正在克隆虚拟机"对话框中单击"关闭"按钮，如图 2-4-4-7 所示。

8）在"001-Win2012R201-快照管理器"对话框中单击"关闭"按钮，如图 2-4-4-8 所示。

9）将克隆完成的虚拟机"011-DC01.i-zhishi.com"移动到"企业云桌面下的 01-基础架构"文件夹中，如图 2-4-4-9 所示，至此一台虚拟机克隆已完成，开机后参考模板机的设置去设置此虚拟机所有设置。本书所有的 Windows 服务器都可以参考本节进行克隆。

图 2-4-4-6　设置虚拟机名称、位置

图 2-4-4-7　虚拟机克隆完成

图 2-4-4-8　返回快照管理器

图 2-4-4-9　虚拟机克隆完成

2.4.5　准备第 1 台 DC/DNS 服务器

域环境在一个企业中是非常重要的，域环境最主要的作用是为企业提供用户的集中式管理。在企业云桌面的规划与部署过程中，也需要配置域环境。

接下来的内容将配置安装第 1 台 DC/DNS 服务器，并通过正向查找和反向查找，验证域控制器和 DNS 服务器是否安装成功。

1）第 1 台 DC/DNS 服务器的基本配置信息如表 2-4-5-1 所示。安装第 1 台 DC/DNS 服务器的具体步骤请参考："企业云桌面-01-安装第 1 台 DC/DNS 服务器，http://dynamic.blog.51cto.com/711418/1904508"。在"服务器管理器"中选择"工具"，再选择"Active Directory 用户和计算机"，并选中"i-zhishi.com"，如图 2-4-5-1 所示。

表 2-4-5-1　第一台域控制器计算机基本配置

编号	项　目	参　数	备　注
1	角色	ADDS\DNS\ADCS\	
2	软件	\	
3	计算机名	011-DC01.i-zhishi.com	
4	IP	10.1.1.11	
5	操作系统	Windows Server 2012 R2	
6	CPU	inter(R) Xeon(R) CPU E5-2609 v3 @1.90GHz (2 CPUs)	
7	内存	2GB	
8	硬盘	500GB	

图 2-4-5-1　Active Directory 用户与计算机

2）选择"Domain Controllers"，可以看到"i-zhishi.com"这个域中只有 1 台名为 001-DC01 的域控制器，这台域控制器即为安装配置完成的第一台 DC/DNS 服务器，如图 2-4-5-2 所示。

图 2-4-5-2　仅有 1 台域控制器

3）选择"Computers"，可以看到"i-zhishi.com"域中没有计算机（因为是全新环境，还没有计算机加入这个域）。如图 2-4-5-3 所示。

图 2-4-5-3　全新域环境，无加入域的计算机

4）接下来，查看安装完成的第一台 DNS 服务器。在"服务器管理器"中选择"工具"，再选择"DNS"，如图 2-4-5-4 所示。

图 2-4-5-4　进入 DNS 管理器

5）在"DNS 管理器"中选择"正向查找区域"，选择"i-zhishi.com"，可以看到如图 2-4-5-5 所示中有 1 条 A 记录"011-DC01.i-zhishi.com"，这个区域就是负责将名字解析成为 IP 的，比如:将 011-DC01.i-zhishi.com 解析为 10.1.1.11。

图 2-4-5-5　正向查找区域

6）在"DNS 管理器"中选择"反向查找区域"，选择"1.1.10.in-addr.arpa"，这个区域是将 IP 地址解析成为域名，比如：将 IP 地址 10.1.1.11 解析为域名 011-DC01.i-zhishi.com，如图 2-4-5-6 所示。

图 2-4-5-6　反向查找区域

7）DNS 正向查找区域与反向查找区域如前面所示，是否正确配置 A 记录与 PTR 记录，请参考以下解析结果，如图 2-4-5-7 所示。如解析结果不正常，请仔细检查所做的步骤是否正确。

图 2-4-5-7　通过命令行测试域环境是否正常

2.4.6　准备第 2 台 DC/DNS 服务器

准备第 2 台 DC/DNS 服务器的目的是为了备份，当第 1 台出现问题后，可以使用第 2 台提供服务。

第 2 台 DC/DNS 服务器的计算机、IP 等信息如表 2-4-6-1 所示。

1）安装第 2 台 DC/DNS 服务器的具体步骤请参考"企业云桌面-02-安装第 2 台 DC/DNS 服务器，http://dynamic.blog.51cto.com/711418/1904519"。

表 2-4-6-1 第二台 DC/DNS 服务器计算机基本配置

编号	项目	参 数	备注
1	角色	ADDS\DNS	
2	软件	\	
3	计算机名	012-DC02.i-zhishi.com	
4	IP	10.1.1.12	
5	操作系统	Windows Server 2012 R2	
6	CPU	inter(R) Xeon(R) CPU E5-2609 v3 @1.90GHz (2 CPUs)	
7	内存	2	
8	硬盘	500GB	

2）验证第 2 台 DC/DNS 服务器是否安装成功，步骤与 2.4.5 节所介绍步骤相同，在此不再重复。

2.4.7 准备第 1 台证书服务器

证书颁发机构 (CA) 负责证明用户、计算机和组织的身份。通过颁发一个经过数字签名的证书，CA 可对某个实体进行身份验证并担保该身份。CA 还可以管理、吊销和续订证书。

在企业中，很多场景都会使用到证书，比如 Web 服务器，Exchange 邮件服务器，Lync Server 2013 或者 Skype for Business Server 2015 服务器，包括负载均衡器，如 F5、Netscaler VPX 等。如果企业不想使用私有证书，也可以购买公网证书，所实现的功能是一样的。

想要部署证书颁发机构，需要准备一台证书服务器。在下面的步骤中，将验证在证书服务器上面部署的 CA 是否成功。

1）第 1 台证书服务器的基本配置信息如表 2-4-7-1 所示。安装第 1 个证书服务器的具体步骤，请参考"企业云桌面-03-安装第 1 个企业 CA，http://dynamic. blog.51cto.com/711418/1904531"。在"服务器管理器"中选择"工具"，再选择"证书颁发机构"，如图 2-4-7-1 所示。

表 2-4-7-1 证书服务器基本配置

编号	项目	参 数	备注
1	角色	ADCS	
2	软件	\	
3	计算机名	013-CA01.i-zhishi.com	
4	IP	10.1.1.13	
5	操作系统	Windows Server 2012 R2	
6	CPU	inter(R) Xeon(R) CPU E5-2609 v3 @1.90GHz (2 CPUs)	
7	内存	2	
8	硬盘	500GB	

2）选择"颁发的证书"，可以看到目前并没有安装任何证书，如图 2-4-7-2 所示。

3）可以在 IIS 中申请域证书，申请后可以看到颁发的证书，如图 2-4-7-3 所示。

图 2-4-7-1　选择证书颁发机构

图 2-4-7-2　选择颁发的证书

图 2-4-7-3　查看已申请的证书

4）最终可以在 IE 浏览器中访问 "https://013-CA01.i-zhishi.com:44444/Certsrv"，输入用户名和密码，可见如图 2-4-7-4 所示页面。到此，第 1 台证书服务器安装配置完成。

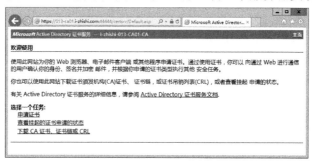

图 2-4-7-4　部署完成证书颁发机构

2.5　本章小结

本章主要介绍了企业云桌面的典型方案的产品组合，重点讲解了两个真实案例，介绍了企业云桌面的实验环境规划，并介绍了本书实验环境的搭建。

第3章
部署存储服务器之 Openfiler

　　存储是保证企业云桌面正常运行的关键，如果存储的需求、规划、部署、运维等做得不到位，可能造成企业云桌面环境需要重做，影响项目进度，影响企业云桌面的正常使用。作为企业云桌面的项目经理、实施工程师、运维工程师，必须要掌握存储的规划、部署、运维的方法，确保存储的高可用性，避免因为存储的问题影响企业云桌面的运行。

　　本章介绍利用最常见的开源存储管理软件 Openfiler 来实现 iSCSI 存储服务器，为企业云桌面提供存储卷。关于光纤存储的规划、部署、运维等内容不作为本书的重点，请读者参考官方文档或者其他书籍，但本章中介绍的内容可以在光纤存储中作为借鉴。

　　本章的内容源自真实案例：2010 年某银行安全准入系统中 24 台 HP LeftHand P4500G2 存储服务器，提供给 20 台主机、750 台虚拟桌面使用的方案。本书中规划了 1 台开源存储服务器，采用 100GB 系统盘，两个 2TB 的存储磁盘，最终提供两个 1TB 的存储卷 iSCSI-LUN0 和 iSCSI-LUN1，为 3 台 VMware vSphere 6.5 的 Esxi 主机提供存储卷，网络采用专用的存储网段 10.1.2.x，最终为云桌面管理群集 Cluster-vSphere01 提供存储。

本章要点：
- 如何安装开源存储管理软件 Openfiler
- 如何创建分区、卷组、卷
- 如何创建 iSCSI Target、卷映射

3.1　常用存储介绍

3.1.1　市面主流存储

　　存储用于将所有的数据集中存放、集中管理、集中备份，从而提供更加安全、可靠的数据环境。存储虚拟化是将虚拟化平台的数据，比如企业云桌面的所有桌面虚拟机用户数据、管理虚拟机等全放在存储中。

　　企业云桌面使用的存储主要有 FC SAN 存储、IP SAN 存储、VMware Virtual SAN 存储等，在本书中使用 IP SAN 存储用于企业云桌面的管理群集，使用 vSAN 6.5 作为企业云桌面

的桌面群集的存储。

FC SAN 存储是指将 FC SAN 服务器通过 FC HBA 卡连接光纤线,再将光纤线接到 FC SAN 交换机,企业云桌面的虚拟化主机通过光纤线与光纤交换机连接,这样将 VMware 群集中的所有虚拟机存放到光纤存储中,经过 VMware 服务器虚拟化的配置,从而实现虚拟化的高级特性:vSphere vMotion、vSphere HA、DRS、Storage vMotion 等功能。

IP SAN 存储是指虚拟化主机通过 IP 直接连接在后端存储,比较常见的是 iSCSI 存储。

iSCSI 存储是指存储服务器通过普通网卡(千兆或者万兆)连接核心交换机或者汇聚交换机,企业云桌面的虚拟化主机通过普通网卡连接核心交换机或者汇聚交换机,这样将 VMware 群集中的所有虚拟机存放到 ISCSI 存储中,经过 VMware 服务器虚拟化的配置,从而实现虚拟化的高级特性:vSphere vMotion、vSphere HA、DRS、Storage vMotion 等功能。

VMware Virtual SAN 存储是指 VMware 推出的分布式存储,这种方式利用虚拟化主机的本地 SSD 硬盘、SAS 硬盘、SATA 硬盘等存储,经过 VMware 服务器虚拟化的配置,从而实现虚拟化的高级特性:vSphere vMotion、vSphere HA、DRS、Storage vMotion 等功能,不再利用单独的存储。

3.1.2　开源存储管理软件 Openfiler 介绍

在上一节中给大家介绍了各种存储,在这节将给大家介绍本书中使用的开源存储软件 Openfiler 2.99.1,在本书中将使用它为企业云桌面的 iSCSI 存储提供服务。

Openfiler 是一个基于 Web 方式进行存储管理的网络存储管理系统。Openfiler 在单一框架中提供了基于文件的网络附加存储(Network-Attached Storage)和基于块的存储区域网络(Storage Area Network)存储的解决方案。

Openfiler 作为一款开源存储管理软件,功能全面,稳定可靠,而且完全免费,性价比非常高。Openfiler 可以管理包括 NFS、iSCSI、FC 在内的多种存储类型,在实验环境中通过 Openfiler 针对 iSCSI 和 FC 两种存储做过多次测试,相当稳定可靠。当然在企业实际环境中,建议读者选择适合企业的存储给企业云桌面提供服务。

本书使用 Openfiler 的 iSCSI 存储管理功能,目的是更简单更方便地进行模拟,简化学习环境,这样方便读者学习。如果利用 Openfiler 模拟光纤存储,这样会增加实验的硬件环境,增加读者学习的投入。

这里要说明的是,无论哪种类型的存储,无论是 iSCSI 存储还是光纤存储,并且无论是哪种存储管理软件,最终都是将多个硬盘做 RAID1、RAID5、RAID10 后再做成卷组,划分相应卷,提供给服务器虚拟化主机使用,操作的方法都是大同小异,只要学会其中一种存储的安装、配置、使用,再去学习其他类型的存储,就会非常容易上手。

3.2　部署存储服务器

在本节中将讲解如何在 VMware Workstation 12 Pro 的虚拟机中模拟 1 台存储服务器,以及安装 1 台存储服务器。

3.2.1 准备存储服务器

本节中的存储服务器采用虚拟化技术，在 VMware Workstation 12 Pro 的虚拟机中模拟生成。如何在 VMware Workstation 12 Pro 中新建存储服务器，请参考"企业云桌面-04-新建虚拟机-021-Openfiler01，http://dynamic.blog. 51cto.com/711418/1904994"，在此不展开介绍。最终新建的存储服务器虚拟机如图 3-2-1-1 所示。

图 3-2-1-1　iSCSI 存储服务器的虚拟机

需要说明的是，采用实际物理设备作为存储服务器，其安装步骤和过程与采用虚拟机的方式也是类似的。另外 Openfiler 对于硬件的识别有限，所以需要使用相对旧一些的服务器来配置安装，尽量选择通用性的网卡，以避免不能正常安装和使用，如果选择光纤存储，需要选择通用性较强的光纤卡。

3.2.2 安装 Openfiler

在本节中将介绍 Openfiler 2.99.1 的安装。首先需要在名为 021-Openfiler01.i-zhishi.com 的虚拟机上挂载 Openfiler 2.99.1 软件的 ISO，这一部分内容请参见 3.2.1 节的扩展阅读，本部分内容接着该扩展阅读内容继续。

1）选择虚拟机"021-Openfiler01.i-zhishi.com"，如图 3-2-2-1 所示，该虚拟机的配置如图 3-2-2-2 所示；选择"开启此虚拟机"命令，之后在弹出的如图 3-2-2-3 所示的对话框中按〈Enter〉键，开启此虚拟机。

图 3-2-2-1　选择虚拟机

图 3-2-2-2　开启虚拟机

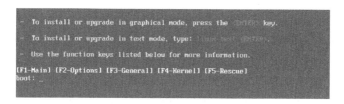

图 3-2-2-3　点击〈Enter〉键进入下一步设置

2）在弹出的"openfiler 安装"对话框中，单击"Next"按钮继续，如图 3-2-2-4 所示。

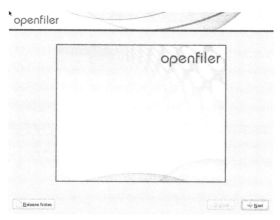

图 3-2-2-4　openfiler 安装对话框

3）在"Select the appropriate keyboard for the system"对话框中选择"U.S.English"来设定键盘语言，如图 3-2-2-5 所示，单击"Next"按钮继续。

4）在"Warning"对话框中单击"Yes"按钮，这将初始化磁盘，清除所有数据，如图 3-2-2-6 所示。注意：此处会清除硬盘中所有数据，如果原来磁盘中有数据请注意备份数据。

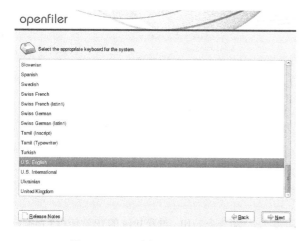

图 3-2-2-5　选择 U.S.English

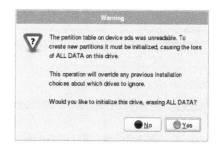

图 3-2-2-6　清除硬盘中所有数据的警告

5）如图 3-2-2-7 所示，在"Select the drive(s) to use for this install"对话框中选中要清除所有数据的硬盘"sda"。该磁盘是一个存储空间为 100GB 的系统盘，如果还有其他硬盘，对话框中将依次显示为 sdb、sdc 等，之后单击"Next"按钮继续。注意：建议在安装存储服务器的时候，使用两个硬盘做 RAID1 来安装系统，以确保系统的高可用性。

6）在弹出的"Warning"对话框中单击"Yes"按钮，将清除选中的 sda 硬盘中的所有数据，如图 3-2-2-8 所示。

图 3-2-2-7　选择要清除所有数据的磁盘　　　　图 3-2-2-8　清除磁盘/dev/sda 上所有数据的警告

7）在"Network Devices"对话框中选中"eth0"，然后单击"Edit"按钮，如图 3-2-2-9 所示。注意：此处只有一个网卡，所以只需要设置 eth0。

8）在"Edit Interface"对话框中设置 IP 地址为"10.1.2.21"，子网掩码为"24"，不要选择"Enable IPv6 support"，如图 3-2-2-10 所示。单击"OK"按钮确定后，返回到"Network Devices"对话框。

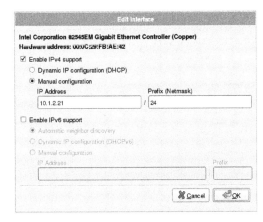

图 3-2-2-9　进行网络设置　　　　　图 3-2-2-10　设置 IPv4 的 IP 地址和子网掩码

9）在"Network Devices"对话框中填入 Hostname（主机名）、Gateway（网关）、Primary DNS（主 DNS）、Secondary DNS（辅助 DNS），如图 3-2-2-11 所示。之后单击"Next"按钮继续。

10）在"Time zone"对话框中选择"Asia/Shanghai"和取消选择"System clock uses UTC"，如图 3-2-2-12 所示。单击"Next"按钮继续。

图 3-2-2-11　设置计算机名、网关、
首选 DNS 服务器、备用 DNS 服务器

图 3-2-2-12　选择时区与取消 UTC

11）在"密码"对话框中输入 Root Password，如图 3-2-2-13 所示，单击〈Enter〉键继续。

12）在"begin installation"对话框中单击"Next"按钮，将开始安装开源的软件 Openfiler 2.99.1，如图 3-2-2-14 所示。

13）在"安装完成"对话框中单击"Reboot"按钮重启存储服务器，如图 3-2-2-15 所示。

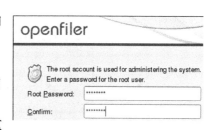

图 3-2-2-13　设置 Root 密码

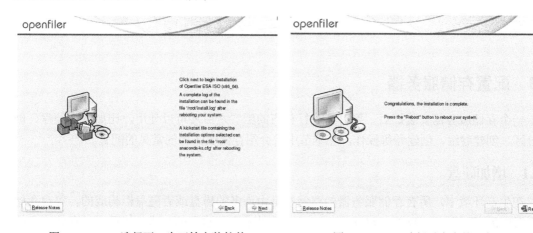

图 3-2-2-14　选择下一步开始安装软件

图 3-2-2-15　选择重启存储服务器

14）服务器重启后的界面如图 3-2-2-16 所示。

15）在 IE 中输入"https://10.1.2.21:446"，选择"继续浏览此网站（不推荐）"，输入 Username 为"openfiler"和 Password 为"password"，如图 3-2-2-17 所示。

图 3-2-2-16　重启后界面

图 3-2-2-17　输入用户名和密码

16）单击"Log In"按钮，Openfiler 存储管理界面如图 3-2-2-18 所示。至此开源存储服务器管理软件 Openfiler 安装成功。在此界面中可以对存储服务器进行最基本的设置，比如 Hostname、IP 地址等。

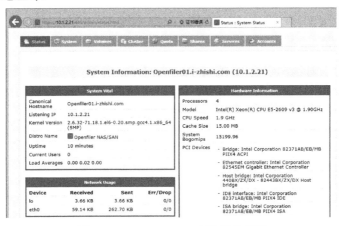

图 3-2-2-18　Openfiler 存储管理界面

3.3　配置存储服务器

一个存储服务器安装好后，要对其进行相应的配置之后才可以使用，比如增加硬盘、创建分区、创建卷组、创建卷等操作，在本节中将介绍存储服务器的常见的配置。

3.3.1　增加硬盘

在生产环境中，所有存储服务器的存储都是由许多的磁盘或者磁盘柜构成的，每台存储服务器中磁盘利用 RAID10、RAID5、RAID6 等技术实现磁盘的容错，然后通过存储管理软件中的群集技术将所有的存储服务器加入到前期规划的群集中，在创建卷时再利用 RAID 技术来提供给各服务器虚拟化的结点使用。通过多层容错或者高可用性的环境来保证数据的安全性，这是在某银行安全准入系统中 HP iSCSI 存储的使用方法。

在本书的实验环境中，存储服务器通过两个 2TB 的硬盘来提供存储服务（提供两个 1TB 的卷供云桌面管理群集使用）。下面将介绍如何增加 1 个 2TB 硬盘的操作，增加另外 1 个 2TB 硬盘的操作完全相同。

1）在存储服务器虚拟机 "021-Openfiler01.i-zhishi.com" 关机的情况下，选择存储服务器虚拟机，并选择 "编辑虚拟机设置"，如图 3-3-1-1 所示。

2）在 "虚拟机设置" 对话框中单击 "添加" 按钮添加硬盘，如图 3-3-1-2 所示。

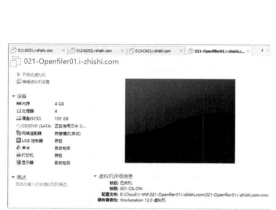

图 3-3-1-1　选择存储服务器虚拟机　　　　图 3-3-1-2　单击 "添加" 命令

3）在 "添加硬件向导" 对话框中选择 "硬盘"，如图 3-3-1-3 所示，单击 "下一步" 按钮继续。

4）在 "选择磁盘类型" 对话框中选择 "SCSI"，如图 3-3-1-4 所示。单击 "下一步" 按钮继续。

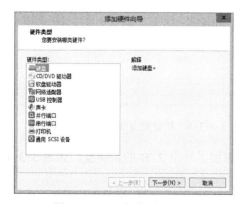 

图 3-3-1-3　选择添加硬盘　　　　　　　图 3-3-1-4　选择磁盘类型为 SCSI

5）在"选择磁盘"对话框中选择"创建新虚拟磁盘"选项，如图 3-3-1-5 所示。单击"下一步"按钮继续。

6）在"指定磁盘容量"对话框中将"最大磁盘大小"设为 2048GB，如图 3-3-1-6 所示。注意，在此增加 1 个 2TB 硬盘作为后续的存储使用。单击"下一步"按钮继续。

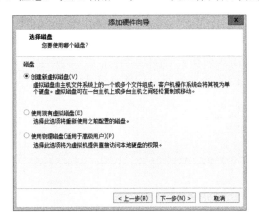

图 3-3-1-5　选择创建新虚拟磁盘

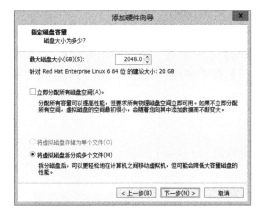

图 3-3-1-6　指定最大磁盘大小为 2048GB

7）在如图 3-3-1-7 所示的"指定磁盘文件"对话框中，单击"浏览"按钮，在"浏览虚拟磁盘文件"对话框中选择文件夹"E:\Cloud\1-VM\021-Openfiler01.i-zhishi.com"，输入文件名为"021-Openfiler01.i-zhishi.com-1-2TB.vmdk"，如图 3-3-1-8 所示；单击"打开"按钮，将返回到指定磁盘文件的对话框中，如图 3-3-1-9 所示。单击"完成"按钮继续。

图 3-3-1-7　指定磁盘文件位置和文件名

图 3-3-1-8　指定磁盘文件位置和文件名

8）在"虚拟机设置"对话框中，看到已正常添加了一个 2TB 的新硬盘，如图 3-3-1-10 所示。单击"确定"按钮继续。

9）当增加第 2 个 2TB 磁盘之后（如图 3-3-1-11 所示），单击"确定"按钮，可以看见按规划增加的两个 2TB 的磁盘作为存储空间的设置已完成，如图 3-3-1-12 所示。

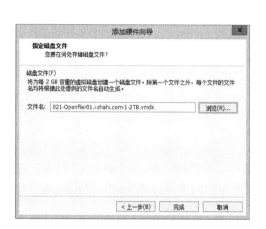

图 3-3-1-9 指定磁盘文件位置和文件名

图 3-3-1-10 添加 2TB 硬盘完成

图 3-3-1-11 添加第 2 个 2TB 存储硬盘完成

图 3-3-1-12 添加两个 2TB 存储硬盘完成

3.3.2 创建分区

在 3.3.1 增加的硬盘并不能直接使用，要使用必须先为其创建分区。在本节中，将介绍如何在新增的磁盘上创建分区。

1）在 Openfiler 管理界面中，可以看到各个存储管理选项，包括 Volumes（分区）、Cluster（卷组）、Services（服务）等，如图 3-3-2-1 所示。Openfiler 通过这些选项去创建分区、创建卷组、创建卷、映射给各服务器以访问存储。

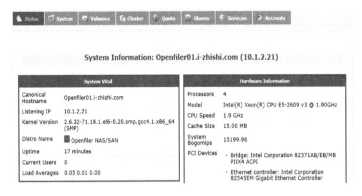

图 3-3-2-1　管理界面

2）选择"Volumes"选项，在 Volumes section 选项组中选择"Block Devices"选项，在"Block Device Management"窗口中可以看到在前面增加的两个硬盘/dev/sdb 和/dev/sdc，如图 3-3-2-2 所示。

图 3-3-2-2　添加完成的 2 个 2TB 硬盘

3）选择"/dev/sdb"，如图 3-3-2-3 所示，向下拉动滚动条，再选择"Create A Partition in /dev/sdb"，如图 3-3-2-4 所示。

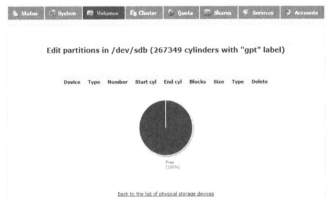

图 3-3-2-3　选择/dev/sdb

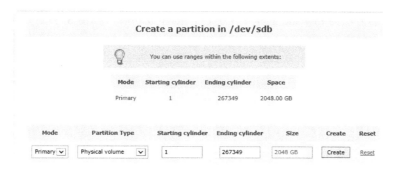

图 3-3-2-4　在/dev/sdb 上创建一个分区

4）在上一步中单击"Create"按钮。将为/dev/sdb 这个 2TB 硬盘创建出一个分区，容量为 1.91TB，如图 3-3-2-5 所示。

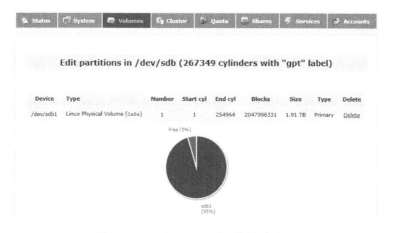

图 3-3-2-5　在/dev/sdb 上面创建完分区

5）返回"Block Device Management"窗口，可以看到/dev/sdb 有了 1 个 Partitions（分区），如图 3-3-2-6 所示。

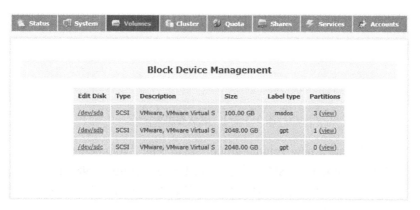

图 3-3-2-6　在/dev/sdb 看到 1 个分区

6）以同样的方法为/dev/sdc 创建 1 个分区，创建成功后，如图 3-3-2-7 所示。

图 3-3-2-7　在/dev/sdc 看到 1 个分区

3.3.3　创建卷组

创建卷组是为了将多个存储的磁盘划入一个卷组从而增加存储的容量。在本节中将介绍如何创建卷组。

1）在 Openfiler 管理界面中选择"Volumes"，再选择"Volume Groups"，可以看到此时"Volume Group Management"为空，如图 3-3-3-1 所示。

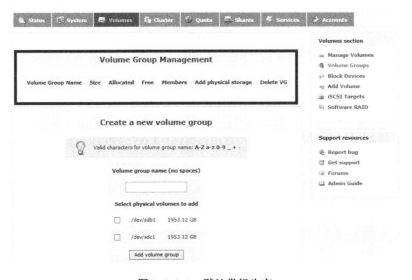

图 3-3-3-1　默认卷组为空

2）在上一步"Create a new volume group"窗口中的"volume group name"对话框中输入卷组名称"Volume_Group-iSCSI"，选中/dev/sdb1 和/dev/sdc1 两个选项，目的是将两个 2TB 的硬盘放到一个卷组中，后续再提供服务，这样多个硬盘组成一个大的卷组，以提供大容量的存储，如图 3-3-3-2 所示。

图 3-3-3-2　输入卷组名

3）单击 "Add volume group" 按钮，两个 2TB 硬盘增加到一个卷组完成，如图 3-3-3-3 所示。

Volume Group Management

Volume Group Name	Size	Allocated	Free	Members	Add physical storage	Delete VG
volume_group-iscsi	3906.19 GB	0 bytes	3906.19 GB	View member PVs	All PVs are used	Delete

图 3-3-3-3　完成卷组创建

3.3.4　启动 iSCSI Target 服务

在进行上面配置后使用 Openfiler 来进行 iSCSI 存储服务器的管理，但默认的 iSCSI Target 服务尚未启动，所以还不能提供存储服务，参考以下步骤启动该项服务。

1）在 Openfiler 管理界面中选择选择 "Services" 选项，在 "Services section" 选项组中选择 "Manage Services" 命令，此时 iSCSI Target 服务未启动，如图 3-3-4-1 所示。

图 3-3-4-1　iSCSI Target 服务未启动

2）选中"iSCSI Target"服务的"Start"命令之后，其状态即变为"Running"，即该服务已经启动，如图3-3-4-2所示。

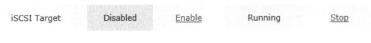

图 3-3-4-2　服务已启动

3.3.5　创建卷

在 3.3.3 节中已创建了卷组，但新建卷组只是将硬盘组合一起形成了一个大的存储，需要创建卷才可以供服务器虚拟化的主机使用。本节中将介绍如何创建卷。

1）在 Openfiler 管理界面中选择"Volumes"选项，选择"Volumes section"选项组中的"Add Volume"选项，如图3-3-5-1所示，此时可以看到 Volume_Group-iSCSI 卷组中并不存在卷。

2）接下来开始创建卷。在"Select Volume Group"选项中单击"Change"按钮，在弹出的"Create a volume in "volume_group-iSCSI""菜单中输入卷名"Volume-iSCSI-Cluster-esxi01"和卷的大小"1024000MB"，选择"Filesystem/Volume type"为"block（iSCSI,FC,etc）"，如图3-3-5-2所示，单击"Create"按钮。

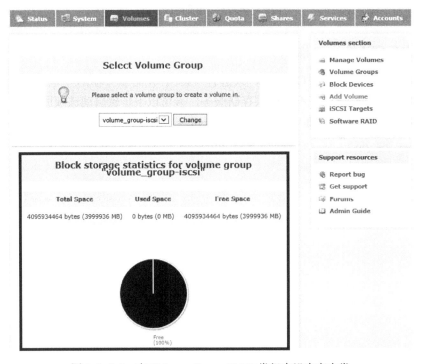

图 3-3-5-1　在 Volume_Group-iSCSI 卷组中没有存在卷

3）之后即成功创建了 1 个卷名为"Volume-iSCSI-Cluster-esxi01"、大小为 1TB 的

卷，如图 3-2-5-3 所示。

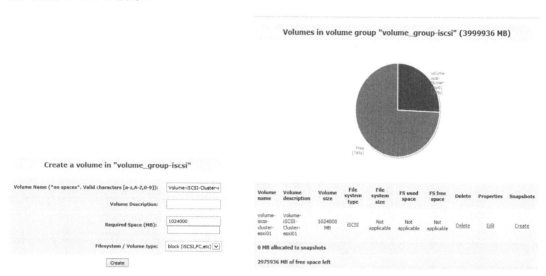

图 3-3-5-2　输入卷名与卷的大小　　　　图 3-3-5-3　1TB 的第 1 个卷已创建成功

4）使用以上同样的方法创建第 2 个 1TB 的卷，创建成功后，可见已创建两个名为"Volume-iSCSI-Cluster-esxi02"的 1TB 的卷，如图 3-3-5-4 所示。

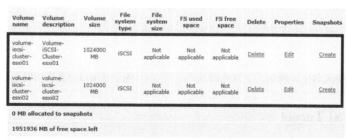

图 3-3-5-4　第 2 个 1TB 的卷已创建成功

5）卷已创建完成，但不能代表存储已完全可以使用，需要按后续步骤进一步设置。

43

3.3.6 允许网段访问卷

要访问卷，需要设置允许某个网段或者某个 IP 访问。本书为了简单化，设置为允许某个网段都能访问，如果生产环境中为了存储的安全，请设置只允许指定的 IP 地址才能访问。设置允许网段访问卷的具体操作步骤如下：

1）在 Openfiler 管理界面中选择"System"选项，如图 3-3-6-1 所示；在 System section 选项组中选择"Network Setup"选项，如图 3-3-6-2 所示，然后再选择"Network Access Configuration"选项，如图 3-3-6-3 所示。

图 3-3-6-1 选择 System

图 3-3-6-2 选择 Network Setup   图 3-3-6-3 网络访问配置

2）在"Network Access Configuration"中，输入 Name 为"iSCSI-esxi"、Network/Host 为"10.1.2.0"、Netmask 为"255.255.255.0"，设置允许访问存储的网段，如图 3-3-6-4 所示，单击"Update"按钮完成设置，如图 3-3-6-5 所示。

图 3-3-6-4 输入名字、网络、子网掩码   图 3-3-6-5 允许访问卷的网段为 10.1.2.0

3.3.7 创建 iSCSI Target

在设置完允许某个网段访问后，还需要创建 iSCSI Target 才可以让服务器能够正常地添加卷，本节中将讲解如何创建 iSCSI Target。

1）在 Openfiler 管理界面中选择"Volumes"，再选择"iSCSI Targets"，如图 3-3-7-1 所示。

图 3-3-7-1　创建 iSCSI Target 界面

2）在上图中直接选择"Add"即可增加 iSCSI Target，此处的 Tgrget IQN 将是服务器连接存储时存储的唯一识别码。iSCSI Target 创建完成后如图 3-3-7-2 所示。

图 3-3-7-2　创建 iSCSI Target 完成

3.3.8　卷映射

配置存储服务器的最后一步，就是如何将卷映射出来给 iSCSI Target，从而提供给服务器虚拟化的主机使用，在本节中将介绍如何做卷的映射。

1）在 Openfiler 管理界面中选择"Volumes"，再选择"LUN Mapping"，会显示 "No LUN mapped to this target"的提示，如图 3-3-8-1 所示。

图 3-3-8-1　卷映射界面

2）选择卷"volume-iSCSI-cluster-esxi01"后面的"Map"按钮，将这个卷映射到目标，如图 3-3-8-2 所示。

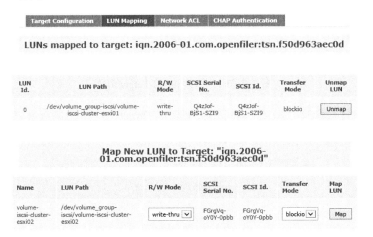

图 3-3-8-2　卷 1 映射到目标

3）选择卷"volume-iSCSI-cluster-esxi02"后面的"Map"按钮，将这个卷映射到目标，如图 3-3-8-3 所示。

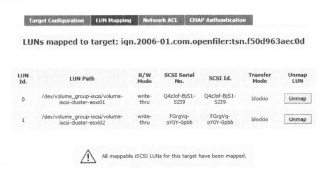

图 3-3-8-3　卷 2 映射到目标

到此，基于开源存储管理软件 Openfiler 的存储服务器配置全部完成。其他厂家的 iSCSI 存储服务器的配置方法类似。

3.4　本章小结

本章介绍的企业云桌面的 iSCSI 存储部署与配置参考的是某银行中实际使用的方案，其企业云桌面达到了 1000 台以上。有很多企业参考这个方案在进行规划部署。当然也有企业选择使用 EMC 光纤存储、vSAN6.5 分布式存储作为企业云桌面存储。作为企业云桌面的存储，在选择的时候应该考虑如下几点：

1. 企业云桌面的需求

企业云桌面是给行政、人事、财务使用，还是给开发人员使用，或者给设计人员使用？有多少人使用？在内部或者外部分别有多少人使用？主要想通过企业云桌面解决数据安全问题，还是淘汰旧的台式机或者笔记本电脑？这将是决定选择存储规模和方式的首要因素。

2. 企业预算

一个企业的预算决定了最终的方案。比如计划部署的企业云桌面规模为 1000 个，预算为 5000 万元，这是否能在企业中通过审批？这笔投资何时才能收到回报？这些考虑将最终影响方案的选择。在作者 2010 年规划实施的某银行的安全准入系统中，部署 750 台桌面的预算是 1000 万元，有的人认为这是很高的投资，但客户采用当时的架构使用至今已有 7 年，目前的系统扩展到了 1000 台以上的云桌面，仍然运行良好。按投资收益分摊，这个投资还是相当划算的。

3. 存储的选择

在选择存储的时候，是选择 FC SAN 存储、iSCSI 存储、NFS 存储、vSAN 存储都需要经过需求分析、再结合企业的实际预算来综合考虑，作者建议如果用于行政、人事、财务、开发人员使用，完全可以考虑 iSCSI 存储。

第4章
部署服务器虚拟化之
VMware ESXi

服务器虚拟化是保证企业云桌面正常运行的关键部分之一。服务器虚拟化的部署通过服务器管理软件（例如最常用的 VMware vSphere 产品）提供的 VMware vMotion、VMware Storage vMotion、vSphere High Availability(vSphere HA)功能来实现。

VMware vSphere 包括 VMware ESXi 6.5、VMware vCenter Server 6.5 等产品。其中 VMware ESXi 6.5 用于实现服务器虚拟化，VMware vCenter Server 6.5 用于集中管理这些经过服务器虚拟化后的主机，进而实现各种高级功能。

本章将讲解服务器虚拟化的基础知识，VMware ESXi 6.5 的安装和配置，VMware vCenter Server 6.5 的安装和配置，以及虚拟机的安装和配置，最终通过群集管理实现 HA 的功能。

为了保证群集的高可用性，每个群集至少配备 3 台主机，如果其中任意 1 台主机死机，至少还有另外两台可以保证业务正常运行；为了保证网络的分开管理，每个主机分别配置 8 个网卡，其中按管理和 VM、存储、vMotion、FT 等功能分开规划设计；为了避免存储卷太大，不利于数据管理，每台主机至少连接到两个以上的存储卷，这种设计是在大多数项目中的通用方式。

本章要点：
- 服务器虚拟化概述。
- 安装和配置 VMware ESXi 6.5。
- 安装和配置 VMware vCenter Server 6.5。
- 创建数据中心、群集、添加主机。
- 管理群集，包括 vSphere HA、DRS 的管理。
- 管理虚拟机之虚拟机的冷迁移、动态迁移，存储的动态迁移。

4.1　服务器虚拟化概述

虚拟化是将一些物理组件（如：CPU、内存、硬盘、存储、网络等）创建为基于虚拟表现形式的过程。虚拟化可以应用于存储、网络、服务器、桌面、应用等，它是一种可以为所有规模的企业降低 IT 开销，同时提高效率的最有效方式。

服务器虚拟化是将服务器物理资源抽象成逻辑资源，让一台服务器变成几台甚至上百台相互隔离的虚拟服务器，不再受限于物理结构，而是让 CPU、内存、磁盘、网络等硬件变成可以动态管理的"资源池"，从而提高资源的利用率，简化系统管理，实现服务器整合，让 IT 部门对业务的变化更具适应力。

大多数服务器的容量利用率不足 15%，这不仅导致了服务器数量剧增，还增加了复杂性。实现服务器虚拟化后，多个操作系统可以作为虚拟机在单台物理服务器上运行，并且每个操作系统都可以访问底层服务器的计算资源，从而解决效率低下问题。接下来将服务器群集聚合为一项整合资源，这可以提高整体效率并降低成本。服务器虚拟化还可以加快工作负载部署速度、提高应用性能以及改善可用性。

服务器虚拟化将给企业带来以下好处：
- 通过服务器的整合，减少机房占用空间、用电量、节约运维成本。
- 利用资源池，合理利用 CPU、内存、硬盘、网络等资源，提高服务器资源利用率。
- 通过 HA、vMotion、FT 等高级功能，最大限度地减少或者消除停机故障。
- 将各主机经过标准化配置，简化数据中心的管理。
- 经过集中处理主机、虚拟化服务器问题，提高 IT 部门的工作效率。

4.2　为主机安装 VMware ESXi

在本节中将讲解通过 VMware Workstation 12 Pro 为虚拟机主机安装 VMware ESXi 6.5 所需的环境，安装和配置 VMware ESXi 6.5，以及安装 VMware vSphere Client 6.0。本节讲解的整个步骤与生产环境中的主要区别在于安装操作系统的硬盘要做成 RAID1、通过网线连接交换机、通过光纤线连接到光纤存储等，其他完全相同。

4.2.1　准备主机硬件环境

在企业云桌面的规划中，管理群集规划的服务器群集有 3 台主机，这 3 台主机都是在 VMWare Workstation 12 Pro 虚拟机中安装 VMware ESXi 6.5，连接后端的 Openfiler 存储服务器来提供服务。

1）本书要规划部署的云桌面管理群集中的 3 台主机，其基本信息如表 4-2-1-1 所示。

表 4-2-1-1　3 台 ESXi 主机基本信息

编号	计 算 机 名	网　　卡	IP
1	031-exsi01.i-zhishi.com	1-Management Network	10.1.1.31
		2-iSCSI Network	10.1.2.31
		3-vMotion Network	10.1.3.31
		4-FT Network	10.1.4.31
2	032-exsi02.i-zhishi.com	1-Management Network	10.1.1.32
		2-iSCSI Network	10.1.2.32
		3-vMotion Network	10.1.3.32
		4-FT Network	10.1.4.32
3	033-exsi03.i-zhishi.com	1-Management Network	10.1.1.33
		2-iSCSI Network	10.1.2.33
		3-vMotion Network	10.1.3.33
		4-FT Network	10.1.4.33

2）请参考"企业云桌面-05-准备虚拟机-031-exsi01-032-exsi02-033-exsi03，http://dynamic.blog.51cto.com/711418/1905398"的内容，在 VMWare Workstation 12 Pro 虚拟机中准备安装 VMware vSphere Hypervisor (ESXi) 6.5 所需环境，安装后的主机配置如图 4-2-1-1 所示。注意：3 台主机的配置相同，包括 8GB 内存、4 个 CPU、100GB 硬盘、8 个网卡，以及挂载相同 ISO（VMware-VMvisor-Installer-6.5.0-4564106.x86_64.iso）。

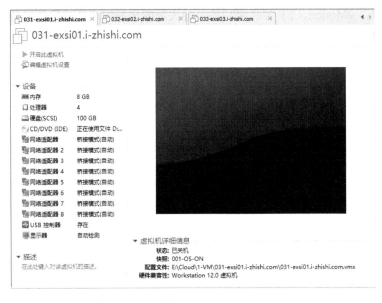

图 4-2-1-1　主机 031-exsi01.i-zhishi.com

3）这 3 台主机对应实际生产环境中的 3 台物理服务器，物理服务器的各种功能同样可以在这 3 台虚拟机上实现。

4.2.2　安装 VMware ESXi

为每台虚拟化主机安装 vSphere 6.5 前期的准备工作完毕后，接下来将讲解 VMware ESXi 6.5 的具体安装过程。

1）选择虚拟机"031-exsi01.i-zhishi.com"，如图 4-2-2-1 所示。

图 4-2-2-1　选择虚拟机

2）选择"开启此虚拟机"命令，在"ESXi-6.5.0-4564106-standard Boot Menu"界面，选择"ESXi-6.5.0-4564106-standard installer"选项，如图 4-2-2-2 所示，按〈Enter〉键将开始安装 VMware vSphere Hypervisor (ESXi) 6.5。

3）在弹出的"Welcome to the VMware vSphere Hypervisor (ESXi) 6.5.0 Installation"对话框中，按〈Enter〉键继续，如图 4-2-2-3 所示。

图 4-2-2-2　选择〈Enter〉键开始安装

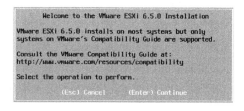

图 4-2-2-3　选择〈Enter〉键继续安装

4）在弹出的"End User License Agreement（EULA）"对话框中，按〈F11〉键接受许可协议并继续进行安装，如图 4-2-2-4 所示。

5）在"Select a Disk to Install or Upgrade"对话框中，选择本地存储（默认规划是 1 个为 100GB 的系统盘来安装系统），如图 4-2-2-5 所示，按〈Enter〉键继续。注意：如果要安装到 U 盘，要特别小心，千万别选择错了安装盘，否则会重新安装。建议在生产环境中使用两个 SAS 300GB 的 10000 转的硬盘做成 RAID1 安装 ESXi 6.5，如果有可能再增加一个热备盘。

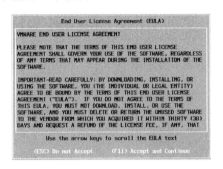

图 4-2-2-4　按〈F11〉键接受许可协议

图 4-2-2-5　选择安装位置

6）在"Please select a keyboard layout"对话框中，选择键盘类型为"US Default"，如图 4-2-2-6 所示，按〈Enter〉键继续。

7）在"Enter a root password"对话框中设置管理员密码，如图 4-2-2-7 所示，按〈Enter〉键继续。注意：如果在生产环境中，一定要设置一个比较复杂的密码，即密码包括大小写字母、数字、符号并且长度超过 8 个字符。

图 4-2-2-6　选择键盘语言

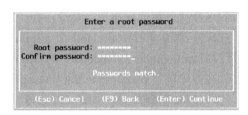

图 4-2-2-7　设置密码

8）在"Confirm Install"对话框中，按〈F11〉键继续进行安装，如图 4-2-2-8 所示。注意：提示这个磁盘会重新分区，该硬盘上的所有数据将会被删除。

9）在"Installation Complete"对话框中，按〈Enter〉键重启设备完成安装，如图 4-2-2-9 所示。重启后的 VMware vSphere Hypervisor (ESXi) 6.5 安装完成界面如图 4-2-2-10 所示。注意：在该对话框中提示在重新启动之前取出 VMware vSphere Hypervisor (ESXi) 6.5 安装光盘。

图 4-2-2-8　选择〈F11〉键确认安装

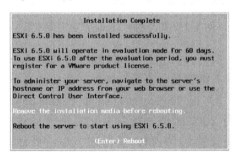

图 4-2-2-9　选择 Reboot 重启

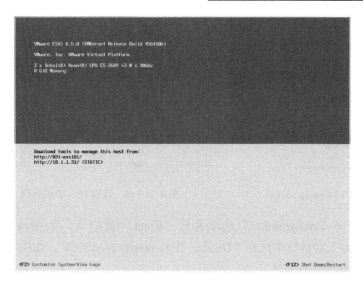

图 4-2-2-10　安装完成界面

4.2.3　配置 VMware ESXi

安装 VMware ESXi 6.5 的过程非常简单，但是并不代表安装后马上就可以使用这台 ESXi 主机，还需要对其做基本的配置，比如对计算机名、IP 地址、子网掩码、网关、首选 DNS、备用 DNS 等进行设置才可使用。在本节中将介绍这些基本的设置。

1）在图 4-2-2-10 中按〈F2〉键，在弹出的"Authentication Required"窗口中，输入用户名和密码，如图 4-2-3-1 所示，按〈Enter〉键继续进行安装。

2）在接下来出现的对话框中，在"System Customization"选项菜单中选择"Configure Management Network"选项，如图 4-2-3-2 所示，按〈Enter〉键后继续进行安装。接下来分别对该"Configure Management Network"选项下的各个子选项进行设置。

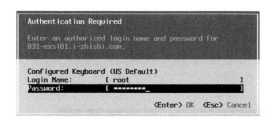

图 4-2-3-1　输入用户名和密码

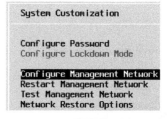

图 4-2-3-2　选择 Configure Management Network

3）选择"IPv4 Configuration"选项并按〈Enter〉键确认，如图 4-2-3-3 所示；在 "IPv4 Configuration"对话框中选中"Set static IPv4 address and network configuration"选项，并按规划来设置 IPv4 Address、Subnet Mask、Default Gateway，如图 4-2-3-4 所示。按 〈Enter〉键继续进行安装。

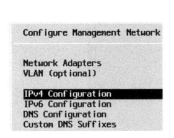

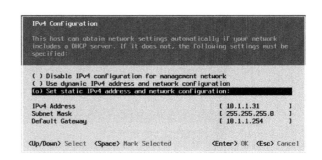

图 4-2-3-3　选择 IPv4 Configuration　　　　图 4-2-3-4　设置 IP、子网掩码、网关

4）选择"IPv6 Configuration"选项并按〈Enter〉键确认，如图 4-2-3-5 所示；在"IPv6 Configuration"对话框中选择"Disable IPv6(restart required)"，如图 4-2-3-6 所示，按〈Enter〉键确认后继续进行安装。

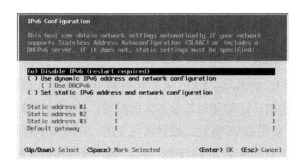

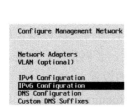

图 4-2-3-5　选择 IPv6 Configuration　　　　图 4-2-3-6　禁用 IPv6

5）选择"DNS Configuration"选项并按〈Enter〉键确认，如图 4-2-3-7 所示；按规划配置 Primary DNS Server、Alternate DNS Server、Hostname，如图 4-2-3-8 所示，按〈Enter〉键继续进行安装。

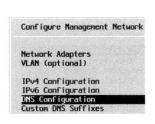

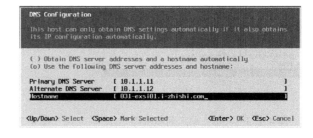

图 4-2-3-7　选择 DNS Configuration　　　　图 4-2-3-8　配置主要 DNS、辅助 DNS、主机名

6）选择"Custom DNS Suffixes"选项并按〈Enter〉键确认，如图 4-2-3-9 所示；按规划配置 DNS 后缀，如图 4-2-3-10 所示，按〈Enter〉键继续进行安装。

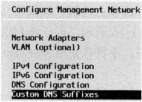

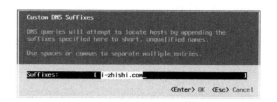

图 4-2-3-9　配置自定义 DNS 后缀　　　　　　图 4-2-3-10　配置 DNS 后缀

7）按〈ESC〉键退出 "Configure Management Network" 选项设置，按〈Y〉键保存配置并重启，如图 4-2-3-11 所示；重启后的界面如图 4-2-3-12 所示。

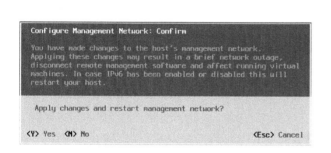

图 4-2-3-11　保存配置　　　　　　　　　图 4-2-3-12　重启后的界面

8）接下来访问已安装完成的 ESXi 6.5 主机。在浏览器中访问地址 http://10.1.1.31，选择 "高级"，如图 4-2-3-13 所示；选择 "确认安全例外"，如图 4-2-3-14 所示。

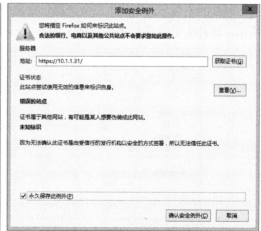

图 4-2-3-13　选择高级　　　　　　　　　　图 4-2-3-14　确认安全例外

9）在打开的窗口中输入用户名和密码，如图 4-2-3-15 所示；选择"登录"，之后进入 VMware vSphere Hypervisor (ESXi) 6.5 的主界面，如图4-2-3-16 所示，可见该 ESXi 主机的基本配置情况。注意：VMware 主要用浏览器访问 ESXi 主机，不推荐采用 VMware vSphere Client 访问。

图 4-2-3-15　输入用户名和密码界面

图 4-2-3-16　登录后的 VMware vSphere Hypervisor (ESXi) 6.5 主界面

4.2.4　安装 VMware vSphere Client

在 VMware vSphere Hypervisor (ESXi) 6.5 中绝大部分设置都可以通过浏览器完成，但有些设置需要使用 VMware vSphere Client 6.0 更方便，比如标准交换机的设置。接下来就进行 VMware vSphere Client 的安装。

在 VMware 官方网站上下载 VMware vSphere Client 6.0（如图 4-2-4-1 所示）并进行安装，软件的安装步骤很简单，依照提示安装即可，在此不再赘述。其中安装路径如图 4-2-4-2 所示；软件安装完成后将在桌面上面产生一个图标，如图 4-2-4-3 所示。

图 4-2-4-1　下载 VMware vSphere Client 6.0

图 4-2-4-2　VMware vSphere Client 6.0 的安装路径　　图 4-2-4-3　安装完成后桌面上生成的图标

4.3　VMware ESXi 主机的常规设置

在本节中将介绍 ESXi 6.5 主机的常规配置，比如：配置时间服务器、修改本地存储名称、修改标准交换机、添加标准交换机、VMware vSphere Hypervisor (ESXi) 6.5 激活、连接 IP SAN 存储。注意：3 台主机的配置相同，本节中只针对第 1 台主机进行讲解，其他主机的设置请参考本节进行设置。

4.3.1　配置 NTP 时间服务器

系统时间的配置非常重要，如果系统时间不对，这将影响到 ESXi 主机上面运行的虚拟机的时间也不对，所以在 ESXi 主机安装好后，第一个需要配置的就是 NTP 时间服务器。

1）在主界面中左侧选择"导航器"中第二个名为"管理"图标，再选择"系统"选项卡下面的"时间和时期"选项，如图 4-3-1-1 所示。

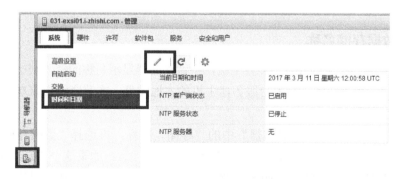

图 4-3-1-1　选择时间和日期

2）单击图 4-3-1-1 中的"编辑"按钮，在弹出的"编辑时间配置"对话框中选择

"使用 Network Time Protocol（启用 NTP 客户端）"中的"NTP 服务启动策略"为"随主机启动和停止"，"NTP 服务器"中输入"10.1.1.11"，如图 4-3-1-2 所示。单击"保存"按钮继续。

图 4-3-1-2 选择随主机启动和停止，输入 10.1.1.11

3）单击"操作"按钮，选择"NTP 服务"，再选择"启动"，NTP 服务状态为正在运行，如图 4-3-1-3 所示。至此完成时间服务器的配置。接下进行修改本地存储器显示名的操作。

图 4-3-1-3 启动 NTP 服务

4.3.2 修改数据存储名称

如果一个群集中有 3 台或者更多台主机，不做存储器显示名称的修改则不便于区分本地各个硬盘的作用，也不能区分是哪台服务器主机的本地硬盘。本节介绍修改本地存储器的显示名，从而加以区分。

1）在主界面中左侧选择"导航器"中的"存储"图标，再选择"数据存储"选项卡，可见名称为 datastore1 的本地硬盘，如图 4-3-2-1 所示。注意：如果这个 datastore1 名称不修改或者修改得不准确，后续在 vCenter 中统一管理多台 ESXi 6.5 主机的时候，会没法区分 datastore1 到底是哪台 ESXi 6.5 主机的存储器。

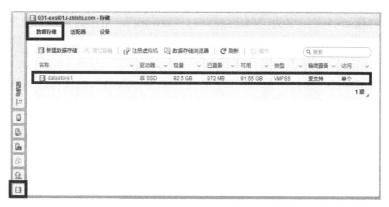

图 4-3-2-1　选择数据存储

2）选择名称为"datastore1"的数据存储，右击鼠标再选择"重命名"，在弹出的"重命名数据存储"对话框中的"新名称"中输入"OS-031-exsi01"，如图 4-3-2-2 所示。注意：此处命名规划为"OS+计算机名"，OS 是指操作系统盘，再加上计算机名，而且计算机名中包括了 IP 地址，这样就可以快速确认这个硬盘是给 10.1.1.31 这个 IP 的主机安装 ESXi 6.5 使用的。

图 4-3-2-2　重命名数据存储

3）在上图中单击"保存"按钮，可见本地硬盘已重命名了，如图 4-3-2-3 所示。修改本地存储显示名称已完成。接下来介绍如何修改标准交换机名称。

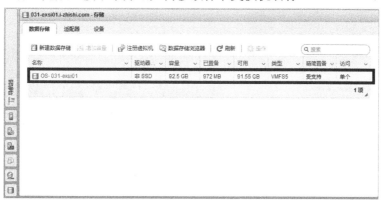

图 4-3-2-3　重命名数据存储完成

4.3.3　修改标准交换机名称

默认标准交换机"vSwith0"有一个虚拟机端口组名为 VM Network，用于分配给虚拟机使用，有一个 VMkernel 端口名为"Management Network"，用于管理网络流量，为了方便统一管理，本书中将对其做统一修改。在浏览器中无法修改端口组名称，只能借助于安装 VMware vSphere Client 6.0 修改。具体操作如下。

1）在主界面中左侧选择"导航器"中第五个名为"网络"的图标，再选择"端口组"选项卡，如图 4-3-3-1 所示。

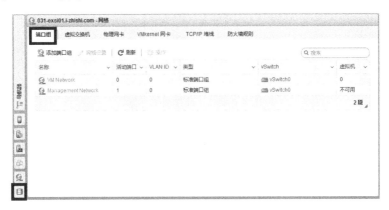

图 4-3-3-1 选择端口组

2）双击桌面上的 VMware vSphere Client 6.0 图标，启动 VMware vSphere Client 程序，在弹出的"VMware vSphere Client"登录窗口中输入 IP 地址/名称、用户名和密码，如图 4-3-3-2 所示。

3）弹出的"安全警告"对话框如图 4-3-3-3 所示，单击"忽略"按钮继续进行配置。

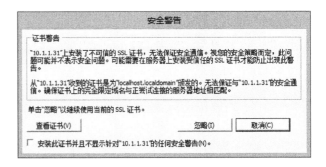

图 4-3-3-2 VMware vSphere Client 登录界面　　　　图 4-3-3-3 单击"忽略"按钮继续

4）在弹出的窗口中左侧选择"清单"，再选择"配置"选项卡，选择"网络适配器"选项，可见 8 个网卡，目前只使用了 1 个，其他几个网卡将在后续使用，如图 4-3-3-4 所示。

图 4-3-3-4　选择网络适配器

5）选择"网络"选项，可见标准交换机"vSwith0"，这是默认交换机，如图 4-3-3-5 所示。为了方便管理交换机，需要将虚拟机端口组和 VMKernel 端口改名。

图 4-3-3-5　选择网络

6）选择"标准交换机：vSwith0"，再选择"属性"，将弹出"vSwitch0 属性"对话框，如图 4-3-3-6 所示。选择"Management Network"选项，单击"编辑"按钮，将网络标签改为"1-Management Network"；选择"VM Network"选项，单击"编辑"按钮，将网络标签改为"1-VM Network"，如图 4-3-3-7 所示。注意：修改标准交换机名称，主要为了将标准交换机进行排序，为什么要排序，在添加标准交换机后，就可以知道修改标准交换机的名称的作用了。

图 4-3-3-6　选择 Management Network

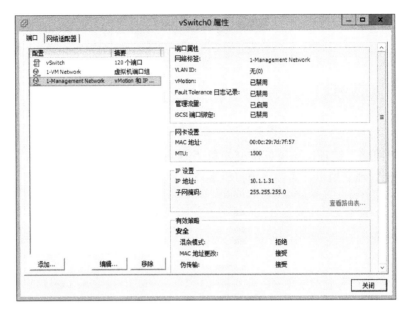

图 4-3-3-7　修改端口组

7）在上图中单击"关闭"按钮，可见修改标准交换机已完成，如图 4-3-3-8 所示，接下来将添加标准交换机。

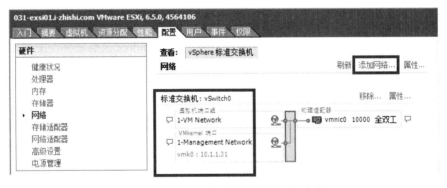

图 4-3-3-8　修改标准交换机端口组完成

4.3.4　添加标准交换机

接下来添加 3 个标准交换机，分别对应于网络管理，vMotion，FT，具体步骤如下。

1）首先添加第 1 个标准交换机。在图 4-3-3-8 中选择"配置"选项卡，选择"网络"选项，再选择"添加网络"，在弹出的"连接类型"对话框中选择"VMkernel"，如图 4-3-4-1 所示，单击"下一步"按钮继续配置。

图 4-3-4-1　选择 VMkernel

2）在"VMKernel-网络访问"对话框中选择"vmnic1"，即第 2 个网卡，如图 4-3-4-2 所示，单击"下一步"按钮继续。

图 4-3-4-2　选择名为 vmnic1 的网卡

3）在"VMkernel-连接设置"对话框中将标签由"VMkernel"改为"2-iSCSI Network"，如图 4-3-4-3 所示，单击"下一步"按钮继续配置。

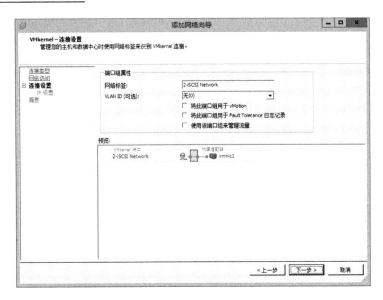

图 4-3-4-3　设置网络标签为 2-iSCSI Network

4）在"VMkernel-IP 连接设置"对话框中按规划设置 IP 地址为 10.1.2.31、子网掩码为 255.255.255.0，如图 4-3-4-4 所示，单击"下一步"按钮继续配置。

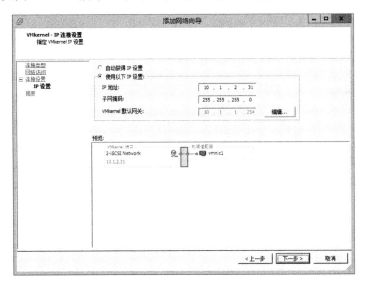

图 4-3-4-4　设置 IP

5）在"即将完成"对话框中，单击"完成"按钮完成第 1 个标准交换机的添加，如图 4-3-4-5 所示。

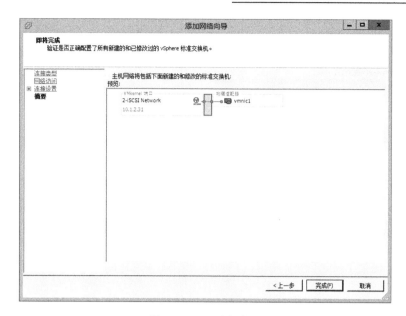

图 4-3-4-5　选择完成

　　6）接下来添加第 2 个标准交换机。步骤与添加第 1 个标准交换机相同，不同之处为：选择名为 Vmnic2 的第 3 个网卡，如图 4-3-4-6 所示；网络标签改为"3-vMotion Networks"，并选择"将此端口用于 vMotion"，如图 4-3-4-7 所示；IP 地址和子网掩码设为 10.1.3.31，255.255.255.0，如图 4-3-3-8 所示。添加完成的第 2 台标准交换机如图 4-3-4-8 所示。

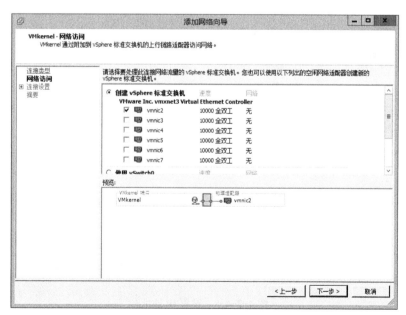

图 4-3-4-6　选择名为 vmnic2 的网卡

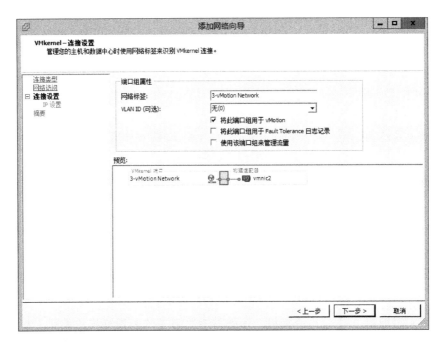

图 4-3-4-7　设置网络标签为 3-vMotion Network

图 4-3-4-8　设置 IP 地址

图 4-3-4-9　完成第 2 个标准交换机的添加

7）接下来添加第 3 个标准交换机。步骤同添加之前两个标准交换机相同。不同之处为：选择名为"Vmnic3"的第 4 个网卡，如图 4-3-4-10 所示；将网络标签名称改为"4-FT Network"，如图 4-3-4-11 所示；IP 地址和子网掩码设为 10.1.4.31，255.255.255.0，如图 4-3-4-12 所示。添加完成的第 3 个标准交换机如图 4-3-4-13 所示。

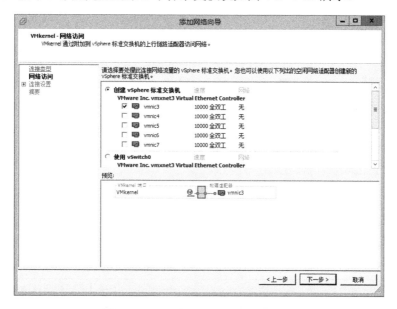

图 4-3-4-10　选择名为 vmnic3 的网卡

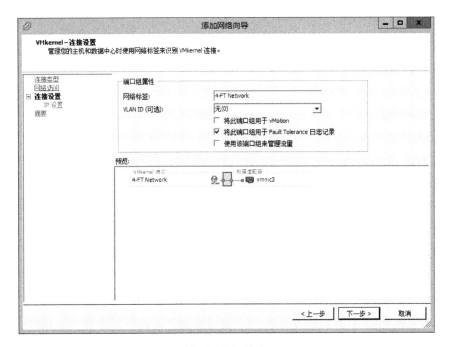

图 4-3-4-11   设置网络标签为 4-FT Network

图 4-3-4-12   设置 IP 地址

图 4-3-4-13　完成第 3 个标准交换机的添加

8）至此为整个环境创建了 3 个标准交换机，如图 4-3-4-14 所示。在浏览器中可以看到修改后的标准交换机，如图 4-3-4-17 所示。添加的三个交换机分别用于 iSCSI 存储、vMotion、FT。

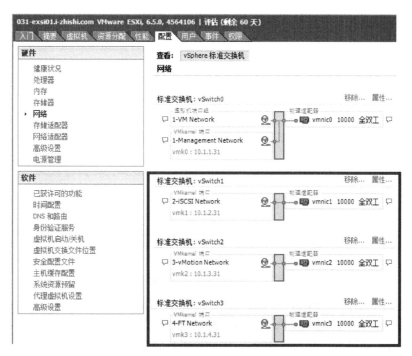

图 4-3-4-14　创建完成的 3 个标准交换机 1

图 4-3-4-15　创建完成的 3 个标准交换机 2

4.3.5　激活 VMware ESXi

为了能长期地使用 VMware vSphere Hypervisor (ESXi) 6.5 提供的服务器虚拟化平台，需要对其进行激活，否则运行 60 天后使用将受到限制。下面介绍如何激活 VMware vSphere Hypervisor (ESXi) 6.5，生产环境中请向厂家或者厂家合作伙伴购买正式许可。

1）在主界面中左侧选择"导航器"中的"管理"图标，再选择"许可"选项卡，如图 4-3-5-1 所示。

图 4-3-5-1　选择"许可"选项卡进行激活

2）在上图中选择"分配许可证"，在"分配许可证"对话框中输入许可证密钥，如图 4-3-5-2 所示，单击"分配许可证"按钮继续进行设置。

3）可见许可证过期日期为"从未"，表示许可证分配已生效，如图 4-3-5-3 所示，分配许可证已完成。

图 4-3-5-2　检测许可证　　　　　　　　　图 4-3-5-3　许可证分配成功

4.3.6　配置 VMware ESXi 连接 iSCSI 存储

在服务器虚拟化主机中，默认只有一个或者两个本地硬盘，要实现服务器虚拟化的高级功能，比如 HA、vMotion、FT 等，企业中通常最少使用 3 台或者更多的虚拟化主机连接后端存储（iSCSI\FC\NFS），再通过配置来实现这些服务器虚拟化的高级功能。本节以名为 031-exsi01.i-zhishi.com 的服务器虚拟化主机为例进行说明在 VMware vSphere Hypervisor (ESXi) 6.5 中如何连接 Openfiler 存储服务器的 iSCSI 存储。

1）在主界面中左侧选择"导航器"中"存储"图标，选择"数据存储"，可见目前的本地存储名称为 OS-031-ESXi01，容量为 100GB，如图 4-3-6-1 所示。选择"适配器"选项卡，目的是连接 iSCSI 存储，如图 4-3-6-2 所示。

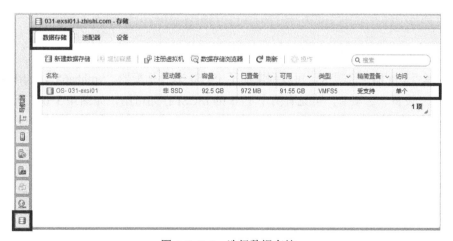

图 4-3-6-1　选择数据存储

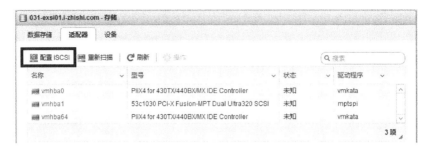

图 4-3-6-2　选择适配器

2）选择"配置 iSCSI"，在"配置 iSCSI"对话框中，选择"iSCSI 已启用"选项中的"已启用"选项，再选择"动态目标"选项，在"添加动态目标"的地址中填写 Openfiler 存储服务器的 IP 地址，在端口中填写存储服务器的端口为 3260，如图 4-3-6-3 所示。单击"保存配置"按钮继续。

图 4-3-6-3　设置存储服务器的 IP 地址和端口

3）选择"适配器"选项卡，可看到增加了 iSCSI 软件适配器"vmhba65"，如图 4-3-6-4 所示。选择"设备"选项卡，可见有两个 1TB 的 iSCSI 存储可用，如图 4-3-6-5 所示。

图 4-3-6-4　配置 iSCSI 适配器完成

图 4-3-6-5　两个 1TB 的 iSCSI 存储可用

4）接下来新建数据存储，将为 031-ESXi01.i-zhishi.com 增加两个 1TB 的存储磁盘。选择"数据存储"选项卡，再选择"新建数据存储"，如图 4-3-6-6 所示。

图 4-3-6-6　选择"新建数据存储"

5）在"新建数据存储"对话框中选择"创建新的 VMFS 数据存储"选项，如图 4-3-6-7 所示。单击"下一页"按钮继续。注意：3 台连接存储的 ESXi 6.5 主机中，只需要为第 1 台主机新建数据存储，其他两台则不用，本次新建存储完成后，其他主机就自动连接上存储了。

图 4-3-6-7　选择创建新的 VMFS 数据存储

6）在"选择设备"对话框中，选择 1 个 1TB 的存储卷，在名称中输入存储名称为"iSCSI-LUN0"，如图 4-3-6-8 所示。单击"下一页"按钮继续。

图 4-3-6-8　选择存储服务器的卷

7）在"选择分区选项"选项中，按照如图 4-3-6-9 所示配置。单击"下一页"按钮继续。

图 4-3-6-9　选择下一页

8）在"即将完成"对话框中单击"完成"按钮，如图 4-3-6-10 所示，在"警告"对话框中单击"是"按钮，如图 4-3-6-11 所示，至此添加第 1 个 1TB 的存储完成，如图 4-3-6-12 所示。参考上述步骤添加第 2 个名为"iSCSI-LUN1"的 1TB 存储，完成之后如图 4-3-6-13 所示。

图 4-3-6-10　选择完成

图 4-3-6-11　选择是

图 4-3-6-12　添加第 1 个 1TB 存储完成

图 4-3-6-13　添加第 2 个 1TB 存储完成

　　至此，031-exsi01.i-zhishi.com 的主机准备工作已经完成，可按照上述步骤完成 032-exsi02.i-zhishi.com 和 033-exsi03.i-zhishi.com 两台主机的准备工作。接下来介绍如何为主机安装 vCenter 6.5，以及通过 vCenter6.5 管理服务器虚拟化平台。

4.4 准备数据库服务器

vCenter Server 是服务器虚拟化平台的管理服务器，没有配置 vCenter Server 的 ESXi 主机将不能实现很多高级功能（包括 VMware vMotion、VMware Storage vMotion、vSphere HA 等功能）。

vCenter Server 需要使用数据库存储和组织服务器数据。每个 vCenter Server 系统必须具有其自身的数据库。所以在安装 vCenter Server 之前，需要先准备数据库服务器。对于最多使用 20 台主机、200 个虚拟机的环境，可以使用 vCenter Server 自身捆绑的 PostgreSQL 数据库，vCenter Server 安装程序可在 vCenter Server 安装期间安装和设置该数据库。较大规模的部署，要求根据环境大小提供一个受支持的外部数据库。vCenter Server 安装过程中，会提示选择安装嵌入式数据库还是将 vCenter Server 系统指向任何现有的受支持的数据库。vCenter Server 支持 Oracle 数据库和 Microsoft SQL Server 数据库作为其外部数据库。

4.4.1 安装 SQL Server 2012 With SP1

本书中采用 Microsoft SQL Server 2012 With SP1 的作为其外部数据库，安装数据库服务器请参考"企业云桌面-06-安装数据库服务器-051-vCdb01，http://dynamic.blog. 51cto.com/711418/1905650"。

1）vCenter Server 6.5 的数据库服务器的基本信息如表 4-4-1-1 所示。

表 4-4-1-1　数据库服务器的基本信息

编号	项目	值	备注
1	角色	数据库服务器	
2	软件	cn_sql_server_2012_enterprise_edition_with_sp1_x64_dvd_1234495	
3	计算机名	051-vCdb01.i-zhishi.com	
4	IP	10.1.1.51	
5	操作系统	Windows Server 2012 R2	
6	CPU	inter(R) Xeon(R) CPU E5-2609 v3 @1.90GHz (2 CPUs)	
7	内存	4GB	
8	硬盘	500GB	

2）安装完数据库服务器后，按〈Windows〉键，再选择"SQL Server Management Studio"，如图 4-4-1-1 所示，单击此图标后继续后续操作。

3）在"连接到服务器"对话框的服务器类型中选择"数据库引擎"，服务器名称中输入"051-vCdb01\db_vCenter"，身份验证中选择"Windows 身份验证"，如图 4-4-1-2 所示；单击"连接"按钮后进入默认安装好的数据库的管理界面，如图 4-4-1-3 所示。

图 4-4-1-1　选择 SQL Server Management Studio

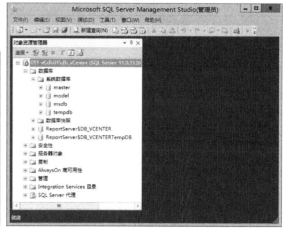

图 4-4-1-2　输入服务器名称　　　　图 4-4-1-3　数据库服务器安装完成

4.4.2　新建数据库 db_vCenter

要将 Microsoft SQL Server 数据库用于 vCenter Server，需要将数据库配置为与 vCenter Server 结合使用。既可以在计划安装 vCenter Server 的计算机上安装和配置 Microsoft SQL Server 数据库，也可以在专门的 SQL Server 数据库服务器上安装和配置，本书采用后者来为 vCenter Server 提供服务。接下来在数据库服务器"051-vCdb01.i-zhishi.com"的实例中创建数据库"db_vCenter"。

1）在图 4-4-1-3 中右击鼠标再选择"新建数据库"，如图 4-4-2-1 所示。

2）在"新建数据库"对话框中，输入数据库名"db_vCenter"，如图 4-4-2-2 所示；设置数据库文件和日志文件位置，如图 4-4-2-3 所示；再单击"确定"按钮，完成数据库的创建，如图 4-2-2-4 所示。

图 4-4-2-1　选择新建数据库　　　　图 4-4-2-2　输入数据库名称

图 4-4-2-3　选择数据库文件位置和日志文件位置

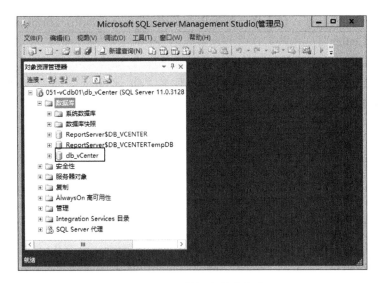

图 4-4-2-4　数据库创建完成

4.5　安装 VMware vCenter Server

在安装 vCenter Server 或 Platform Services Controller 之前，必须下载 vCenter Server 的

ISO 安装文件，并将其挂载到要安装 vCenter Server 或 Platform Services Controller 的 Windows 虚拟机或物理服务器上。

　　如果 vCenter Server 计划使用外部数据库，必须先设置该外部数据库，然后再安装 vCenter Server。也就是说，要首先安装 SQL Server 2012 Native Client、再配置 SQL Server ODBC 连接，接下来安装和激活 VMware vCenter Server 6.5。以下为具体的安装步骤。

4.5.1　安装 SQL Server 2012 Native Client

　　本节将在 vCenter 服务器上安装 SQL Server 2012 Native Client，具体步骤如下。

　　1）为 VMware vCenter Server 6.5 服务器上挂载 SQL Server 2012 With SP1 的安装软件 "cn_sql_server_2012_enterprise_edition_with_sp1_x64_dvd_1234495.iso"，如图 4-5-1-1 所示。

图 4-5-1-1　挂载 SQL Server 的 ISO 文件

　　2）选择 "SQL Server"，再选择 "F:\2052_CHS_LP\x64\Setup\x64\sqlncli.msi"，如图 4-5-1-2 所示。

图 4-5-1-2　选择 sqlncli.msi 文件

3）在"欢迎使用 SQL Server 2012 Native Client 安装向导"对话框中单击"下一步"按钮，如图 4-5-1-3 所示，单击"下一步"按钮继续进行安装配置。

4）多次点单击"下一步"按钮后，在"正在完成"对话框中单击"完成"按钮，完成此软件的安装，如图 4-5-1-4 所示。

图 4-5-1-3　选择下一步　　　　　　　　　　图 4-5-1-4　选择完成

4.5.2　创建 SQL Server ODBC 连接

本节将在 vCenter 服务器上准备配置 SQL Server ODBC 连接，具体步骤如下。

1）在计划安装 vCenter Server 的计算机上，按〈Windows+X〉键，再选择"控制面板"，在"所有控制面板项"的窗口中选择"管理工具"，在"管理工具"窗口中选择"ODBC 数据源（64 位）"，如图 4-5-2-1 所示。

图 4-5-2-1　选择 ODBC 数据源（64 位）

2）在"ODBC 数据库源管理程序（64 位）"对话框中选择"系统 DSN"，如图 4-5-2-2 所示。

3）创建一个新连接。要创建新的 SQL Server ODBC 连接，请单击"添加"按钮，在"创建新数据源"对话框中选择"SQL Server Native Client 11.0"，然后单击"完成"按钮，如图 4-5-2-3 所示。

图 4-5-2-2 选择系统 DSN

图 4-5-2-3 选择 SQL Server Native Client 11.0

4）在"创建到 SQL Server 的新数据源"中输入 ODBC 数据源名称，在服务器文本框中，输入 SQL Server 的 IP 地址或 FQDN，如图 4-5-2-4 所示；在"SQL Server 身份验证"对话框中输入登录 ID 和密码，如图 4-5-2-5 所示；选择"更改默认的数据库"，选择数据库"db_vCenter"，如图 4-5-2-6 所示；单击"完成"按钮，完成新数据源的创建，如图 4-5-2-7 所示。

图 4-5-2-4 输入数据源的名称和 Sql Server 服务器名称

图 4-5-2-5 输入登录 ID 和密码

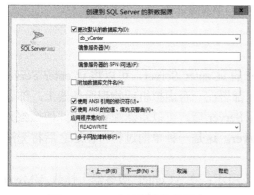

图 4-5-2-6 选择新建的数据库

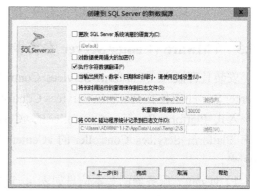

图 4-5-2-7 单击"完成"按钮

5）选择"测试数据源",如图 4-5-2-8 所示;测试成功后,单击"确定"按钮完成测试,如图 4-5-2-9 所示。

图 4-5-2-8 选择测试数据源

图 4-5-2-9 完成数据源测试

6）返回到"ODBC 数据源管理程序（64）位"对话框,单击"确定"按钮,ODBC 数据源创建完成,如图 4-5-2-10 所示。

图 4-5-2-10 创建 ODBC 数据源完成

4.5.3 VMware vCenter Server 安装步骤

安装具有嵌入式 Platform Services Controller 的 vCenter Server,可以将 vCenter Server、vCenter Server 组件和 Platform Services Controller 部署在一台虚拟机或物理服务器上。部署具有嵌入式 Platform Services Controller 的 vCenter Server 后,可以重新配置拓扑并切换到具有外部 Platform Services Controller 的 vCenter Server。这是一种单向过程,在这之后将无法切换回来。

1）vCenter 服务器的基本信息如表 4-5-3-1 所示;在 vCenter 服务器上挂载 VMware-VIM-all-6.5.0-4602587.iso 文件,并双击其运行,如图 4-5-3-1 所示。

表 4-5-3-1　vCenter 服务器基本信息

编号	项　目	值
1	角色	VMWare 服务器虚拟化管理平台
2	软件	VMware-VIM-all-6.5.0-4602587.iso
3	计算机名	061-vCenter01.i-zhishi.com
4	IP	10.1.1.61
5	操作系统	Windows Server 2012 R2
6	CPU	inter(R) Xeon(R) CPU E5-2609 v3 @1.90GHz (2 CPUs)
7	内存	8GB
8	硬盘	500GB

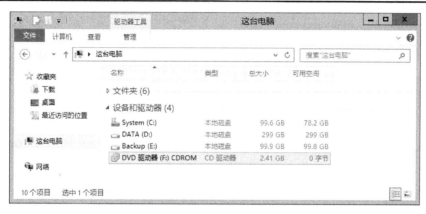

图 4-5-3-1　挂载并运行 ISO 文件

2）在"VMware vCenter 安装程序"对话框中选择"适用于 Windows 的 vCenter Server"，如图 4-5-3-2 所示，单击"安装"按钮继续。

3）在"欢迎使用"对话框中，单击"下一步"按钮继续，如图 4-5-3-3 所示。

图 4-5-3-2　选择适用于 Windows 的 vCenter Server

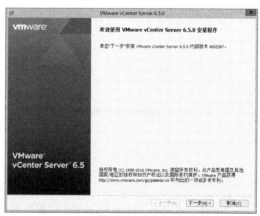

图 4-5-3-3　单击"下一步"按钮继续

4）在"最终许可协议"对话框中，单击"下一步"按钮继续，如图 4-5-3-4 所示。

5）在"选择部署类型"对话框中选择"嵌入式部署"，如图 4-5-3-5 所示。注意：一般是选择嵌入式部署，将 vCenter Server 和嵌入式 Platform Services Controller（E）部署在一起，单击"下一步"按钮继续。

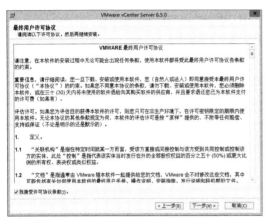

图 4-5-3-4　单击"下一步"按钮继续　　图 4-5-3-5　选择嵌入式部署

6）在"系统网络名称"对话框中显示系统名称为"061-vCenter01.i-zhishi.com"，如图 4-5-3-6 所示，单击"下一步"按钮继续。

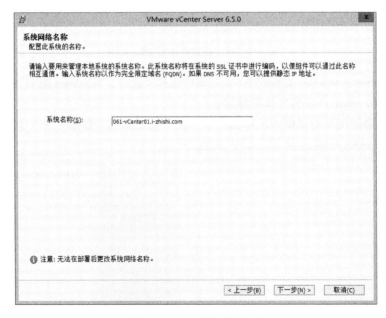

图 4-5-3-6　系统网络名称

7）在"vCenter Single Sign-On 配置"对话框中创建 vCenter Single Sign-On 域，如图 4-5-3-7 所示。注意：这里默认 vCenter Sigle Sign-On 域名为 vsphere.local，vCenter Single Sign-On 用户

名为 administrator。在登录 vCenter 时，一般使用 administrator@vsphere.local，使用其他域名比如"i-zhishi.com"，需要单独进行集成设置。单击"下一步"按钮继续。

图 4-5-3-7　创建 vCenter Single Sign-On 域

8）在"vCenter Server 服务帐户"对话框中选择"使用 Windows 本地系统帐户"，如图4-5-3-8 所示，单击"下一步"按钮继续。

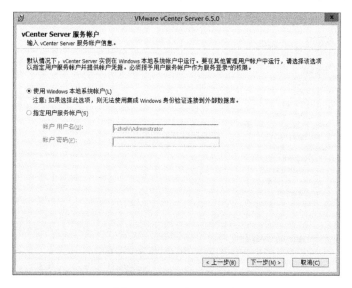

图 4-5-3-8　选择下一步

9）在"数据库设置"对话框中选择"使用外部数据库"，在"系统 DSN"中选择"VMware vCenter Server 6.5"（这个系统 DSN 是前面新建的），再输入数据库用户名和数据库密码，如图 4-5-3-9 所示。这样 vCenter 才可以连接到后端的数据库，向数据库中写入信息。单击"下一步"按钮继续。

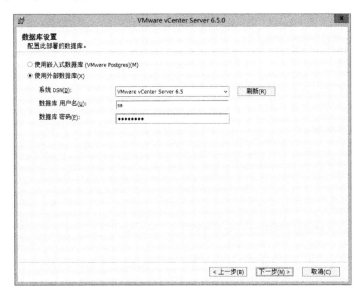

图 4-5-3-9　输入数据库用户名和密码

10）在"配置端口"对话框中，不做任何修改单击"下一步"按钮继续，如图 4-5-3-10 所示。注意：此服务器涉及的端口请在防火墙中为其打开。

图 4-5-3-10　"配置端口"对话框

11）先在 vCenter 服务器的 D 盘中创建如下图所示的文件夹作为 vCenter 部署的存储位置，然后在"目标目录"对话框中选择为在 D 盘创建的文件夹，其他保持不变，如图 4-5-3-11 所示，单击"下一步"按钮继续。

图 4-5-3-11　选择此部署的存储位置

12）在"客户体验改善计划"对话框中，单击"下一步"按钮继续，如图 4-5-3-12 所示。

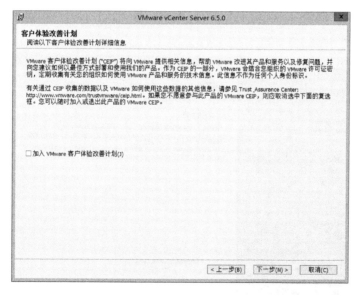

图 4-5-3-12　"客户体验改善计划"对话框

13）在"准备安装"对话框中，单击"安装"按钮开始进行安装，如图 4-5-3-13 所示。

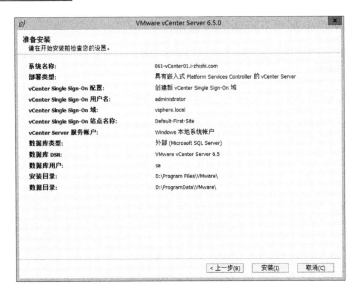

图 4-5-3-13　准备安装

14）安装时间大致半小时左右，之后弹出的"安装完成"对话框如图 4-5-3-14 所示，单击"完成"按钮继续。

15）单击"安装完成"对话框中的"启用 vSphere Web Client"按钮，或者用火狐浏览器访问网址"https://10.1.1.61"，如图 4-5-3-15 所示；选择"高级"，如图 4-5-3-16 所示；选择"确认安全例外"，如图 4-5-4-17 所示；接下来会打开 vCenter 的登录窗口，如图 4-5-3-18 所示。

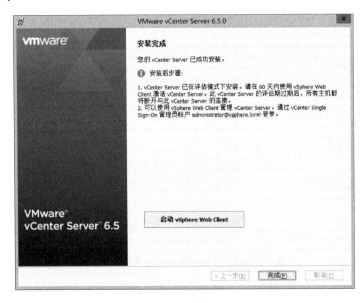

图 4-5-3-14　安装完成 vCenter

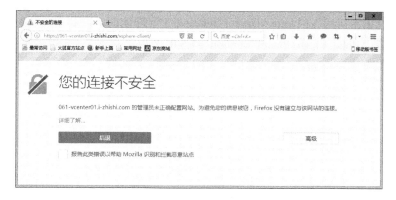

图 4-5-3-15　选择高级

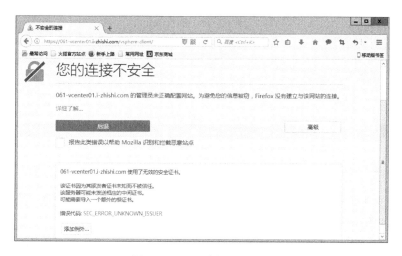

图 4-5-3-16　选择添加例外

图 4-5-3-17　选择确认安全例外

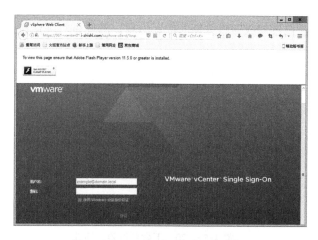

图 4-5-3-18　打开 vCenter 登录窗口

16）为了能正常访问 VMware vCenter Server 6.5 管理地址，需要安装 Adobe Flash Player 插件（需要安装 Adobe Flash Player version 11.5.0 及以上版本），下载并安装 Adobe Flash Player 24 以后再次打开 vCenter 登录窗口，如图 4-5-3-19 所示。

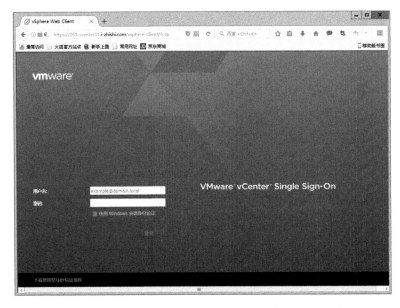

图 4-5-3-19　安装 Adobe Flash Player 24 以后再次打开 vCenter 登录窗口

17）在图 4-5-3-19 中选择"下载和安装增强型身份验证插件"链接，下载并安装相应插件的文件，如图 4-5-3-20 所示。

18）回到 VMware vCenter Server 6.5 的登录窗口，输入用户名和密码，再次登录；在"启动应用程序"对话框中单击"打开链接"按钮，如图 4-5-3-21 所示；在"登录"窗口登录，如图 4-5-3-22 所示；打开如图 4-5-3-23 所示的 vCenter 管理界面。此时会有关于许可证已过期或即将过期的提示信息，需要进行激活操作。

图 4-5-3-20　下载身份验证插件

图 4-5-3-21　选择打开链接

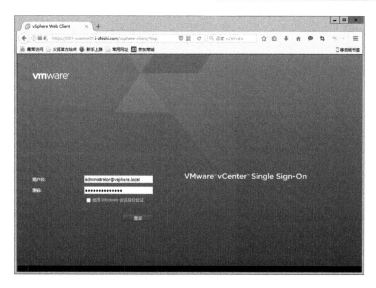

图 4-5-3-22　输入用户名和密码

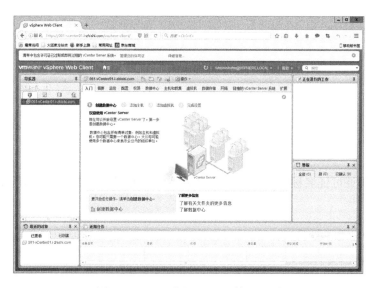

图 4-5-3-23　进入 vCenter 管理界面

4.5.4　激活 vCenter

VCenter 作为服务器虚拟化平台的管理工具，具备很多高级功能，如果不激活可以使用，但过了试用期，功能将失效（再次输入许可激活也可以使用全部功能），下面介绍如何激活 vCenter 6.5。

1）在 vCenter 管理界面中选择"许可证"选项，如图 4-5-4-1 所示，在右侧窗口中可见"许可证"管理窗口，如图 4-5-4-2 所示。

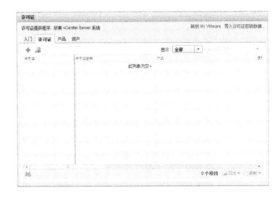

图 4-5-4-1　选择许可，选择许可证　　　　　图 4-5-4-2　"许可证"管理窗口

2）选择"+"图标，在"新许可证"对话框中，输入许可证密钥，如图 4-5-4-3 所示，单击"下一步"按钮。

图 4-5-4-3　"输入许可证密钥"对话框

3）在"编辑许可证名称"对话框中，可见已有许可证，如图 4-5-4-4 所示，单击"下一步"按钮。

图 4-5-4-4　"编辑许可证名称"对话框

4）在"即将完成"对话框中，单击"完成"按钮如图 4-5-4-5 所示。

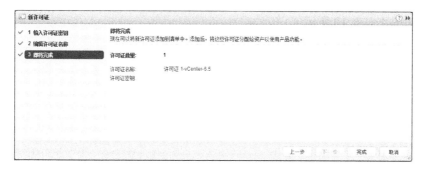

图 4-5-4-5　成功导入许可证

5）完成许可证导入后，"许可证"管理窗口如图 4-5-4-6 所示，可见许可证已经安装完成。

图 4-5-4-6　许可证已安装完成

6）单击"资产"选项卡，目的是为了分配许可证，如图 4-5-4-7 所示。

图 4-5-4-7　选择"资产"选项卡

7）选择"061-vCenter01.i-zhishi.com"，单击"全部操作"按钮，选择"分配许可证"，如图 4-5-4-8 所示。

图 4-5-4-8　分配许可证

8）在"分配许可证"对话框中选中许可证，如图 4-5-4-9 所示，单击"确定"按钮后分配完毕，如图 4-5-4-10 所示。

图 4-5-4-9　选择自己的许可证

图 4-5-4-10　可见许可证已分配了许可

9）回到 vCenter 管理界面，没有再报许可证问题，如图 4-5-4-11 所示。

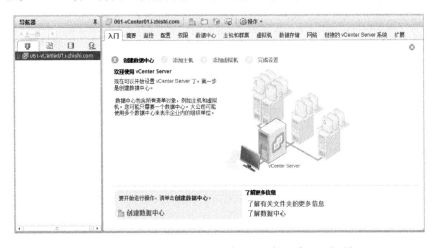

图 4-5-4-11　许可证分配成功，不再提示许可证问题

4.6　配置 vCenter Server

vCenter Server 安装后，需要进行相应的配置才可以更好地管理虚拟化平台，比如配置 vCenter 的管理员、创建数据中心、创建群集配置 HA 和 DRS、添加主机、上传 ISO 等操作。

4.6.1　配置 vCenter 管理员

云桌面管理员可以使用 administrator@vsphere.local 连接管理 vCenter6.5 和 ESXi6.5，但是为了更方便管理，在企业中通常使用微软的 AD（活动目录，Active Directories）进行账号管理，同时使用微软的 Exchange 邮件系统进行企业内部沟通。本书即采用 vCenter 与 AD 进行集成，通过 AD 配置 vCenter 管理员来管理 VMware 的虚拟化平台。

1）在 vCenter 管理界面中选择 "061-vCenter01.i-zhishi.com"，如图 4-6-1-1 所示。

图 4-6-1-1　vCenter 管理主界面

2）选择 VMware vSphere Web Client 右边的 "主页" 图标，在弹出的导航器中可见主页菜单栏，如图 4-6-1-2 所示。

3）在主页菜单栏中选择 "系统管理" 中 "Single Sign-On" 选项，再选择 "配置" 中的 "标识源" 选项卡，如图 4-6-1-3 所示。

4）选择 "+" 图标，在 "添加标识源" 对话框中，选择 "Active Directory（集成 Windows 身份验证）"，如图 4-6-1-4 所示，单击 "下一步" 按钮继续。

图 4-6-1-2　主页菜单栏

图 4-6-1-3　配置标识源

图 4-6-1-4　选择标识源类型

　　5）在"配置标识源"对话框中，在域名栏中输入"i-zhishi.com"，如图 4-6-1-5 所示，单击"下一步"按钮继续。

图 4-6-1-5　输入域名

6）在"即将完成"对话框中，单击"完成"按钮，配置标识源完成，如图 4-6-1-6 所示。之后就可增加域管理员管理 vCenter 了，标识源选项卡如图 4-6-1-7 所示。

图 4-6-1-6　完成配置标识源

图 4-6-1-7　标识源选项卡

7）接下来配置全局权限。选择导航器中的"系统管理"→"访问控制"→"全局权限"选项，选择"管理"选项卡，如图 4-6-1-8 所示。

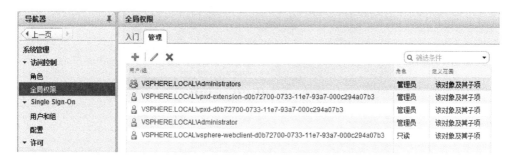

图 4-6-1-8　配置全局权限

8）选择"+"图标，在弹出的窗口中选择"添加"，选择"域"为 i-zhishi.com，选择用户"i-zhishi.com\Administrator",再选择组"i-zhishi.com\Domain Admins",最终单击"确定"按钮,如图4-6-1-9所示,这样设置后,最终可以使用域管理员管理 vCenter。

图4-6-1-9 添加全局权限完成

9)返回登录窗口,在用户名中输入"administrator@i-zhishi.com",再输入密码,单击"登录"按钮,如图 4-6-1-10 所示,登录成功后,vCenter 管理界面如图 4-6-1-11 所示。接下来将介绍如何创建数据中心。

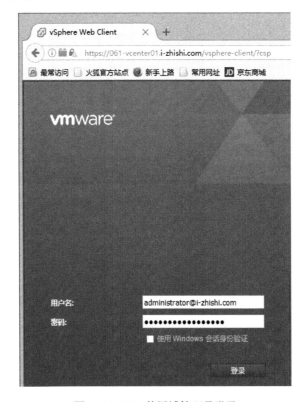

图4-6-1-10 使用域管理员登录

图 4-6-1-11　登录后状态

4.6.2　创建数据中心

数据中心包含很多对象，例如主机和虚拟机。个人可能只需要一个数据中心，但是企业可能需要使用多个数据中心来表示企业内的组织单元。可以用国家命名来划分数据中心，也可以用部门命名来划分数据中心，比如以国家划分数据中心：数据中心-01-中国，数据中心-2-美国等，具体情况根据企业的实际情况来定义。

本节将给大家介绍如何创建数据中心，具体步骤如下所示。

1）登录 vCenter6.5 进入管理界面，选择"061-vCenter01.i-zhishi.com"，选择"创建数据中心"命令，如图 4-6-2-1 所示。

图 4-6-2-1　选择"创建数据中心"命令

2）在"新建数据中心"窗口中输入数据中心名称为"数据中心-01-中国"，单击"确定"按钮，如图 4-6-2-2 所示，之后 vCenter 主界面中增加了一个名为"数据中心-01-中国"的数据中心，如图 4-6-2-3 所示。

图 4-6-2-2　数据中心名称

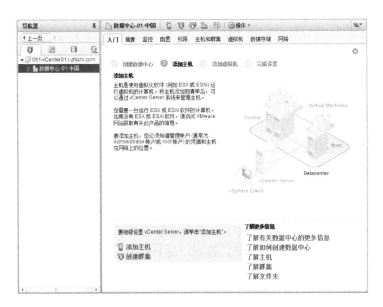

图 4-6-2-3　数据中心创建完成

接下来将介绍创建群集配置 IIA（高可用性）和 DRS（分布式资源调度）。

4.6.3　创建群集并配置 HA 和 DRS

群集由一组 ESXi6.5 主机组成，将规划的 ESXi 主机加入到群集中，这样就可以针对群集资源进行集中管理，从而实现 HA（高可用）功能。群集将启用 vSphere High Availability（HA）、vSphere Distributed Resource Scheduler（DRS）、VMware Virtual SAN（vSAN）三项功能。

vSphere High Availability（HA）是指保证两台或者 3 台及以上主机中，当 1 台主机出现问题后，主机上面运行的虚拟机自动在另 1 台主机上面重启；vSphere Distributed Resource Scheduler（DRS）是指某个主机的资源使用过载时候，系统会根据 DRS 设置的阀值，自动将虚拟机迁移到其他空闲的 1 台主机上面；VMware Virtual SAN（vSAN）是指在群集中的主机可以利用本地 SSD 和 SAS 或者 SATA 盘组成的虚拟 SAN，从而可以不用专门的存储，合理地利用本地磁盘提供服务，降低成本。

本节中将讲解如何创建群集，并配置 HA 和 DRS，具体操作步骤如下。

1）选择图 4-6-2-3 中的"创建群集"命令，在"新建群集"对话框中单击确定按钮，如图 4-6-3-1 所示。

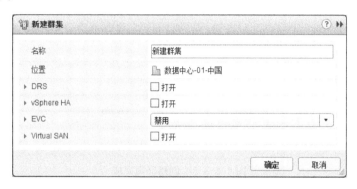

图 4-6-3-1　"新建群集"对话框

2）在"新建群集"设置对话框中输入群集名称"Cluster-vSphere01"，选中"DRS"和"vSphere HA"的"打开"选项，如图 4-6-3-2 所示；单击"确定"按钮，群集创建完成，如图 4-6-3-3 所示。

图 4-6-3-2　输入群集名、选择 DRS、vSphere HA

接下来将介绍如何在群集中添加 3 台主机，从而实现 HA 和 DRS 功能。

图 4-6-3-3　创建群集完成

4.6.4　添加主机

主机是使用虚拟化软件（例如 ESXi）运行虚拟机的计算机。将主机添加到 vCenter 后，可以通过 vCenter Server 系统来管理主机。

本节将介绍如何将主机添加到群集中，具体操作如下。

1）为了使用域名针对 ESXi 管理，按前期规划为每台主机在 DNS 管理器中创建一条 A 记录，创建完成 A 记录后，i-zhishi.com 主机的 DNS 管理器窗口如图 4-6-4-1 所示，新增了三条 A 记录。接下来就可以实现用域名管理 ESXi 主机了。

图 4-6-4-1　创建 DNS 的 A 记录

2）在图 4-6-3-3 所示的 vCenter 管理主界面中，选择"添加主机"命令，在弹出的"添加主机"对话框中"名称和位置"→"输入主机名或者 IP 地址"栏中输入"031-exsi01.i-zhishi.com",如图 4-6-4-2 所示,单击"下一步"按钮继续。

图 4-6-4-2　输入主机名

3)在"连接设置"对话框中,输入用户名为 root、密码为规划好的密码,如图 4-6-4-3 所示,单击"下一步"按钮继续进行配置。

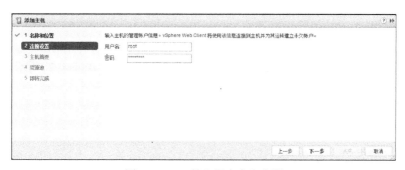

图 4-6-4-3　输入用户名和密码

4)在弹出的"安全警示"提示框中单击"是"按钮确定信任 ESXi 主机的证书,如图 4-6-4-4 所示。

5)在"主机摘要"对话框中,显示了当前虚拟机的状态,如图 4-6-4-5 所示。单击"下一步"按钮继续进行配置。

图 4-6-4-4　安全警告提示框

图 4-6-4-5　选择下一步

6)在"分配许可证"对话框中,为主机分配前面导入的许可证,如图 4-6-4-6 所示。单击"下一步"按钮继续进行配置。

图 4-6-4-6　分配许可

7）在"锁定模式"对话框中，选择"已禁用"选项，如图 4-6-4-7 所示，单击"下一步"按钮继续进行配置。

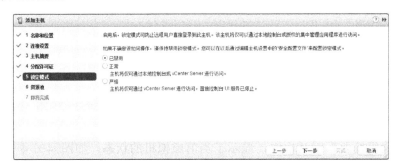

图 4-6-4-7　选择锁定模式

8）在"资源池"对话框中，选择将主机添加到资源池中的选项，如图 4-6-4-8 所示，单击"下一步"按钮继续进行配置。

图 4-6-4-8　选择资源池

9）在"即将完成"对话框可以看到前面的设置，如图 4-6-4-9 所示，单击"完成"按钮，完成配置。

图 4-6-4-9　"即将完成"对话框

10）将另外两台主机以同样的方法添加进来，3 台 ESXi 主机添加完成后，VCenter 管理主界面的导航器栏如图 4-6-4-10 所示。选择第 1 台 ESXi 主机，可见主机的 CPU、内存、存储等配置信息，如图 4-6-4-11 所示。

图 4-6-4-10　添加 3 台主机到群集中　　　　图 4-6-4-11　第 1 台 ESXi 主机配置

接下来将介绍如何添加 ISO。

4.6.5　上传 Windows 操作系统的 ISO

服务器虚拟化平台最终目的给应用程序提供虚拟机，虚拟机的安装离不开操作系统的 ISO 镜像文件。在安装虚拟机前，需要上传 Windows 操作系统的 ISO，上传 Windows 操作系统的 ISO 的具体步骤如下。

1）选择"数据中心-01-中国"，再选择"数据存储"选项卡，再选择"iSCSI-LUN0"存储，如图 4-6-5-1 所示。

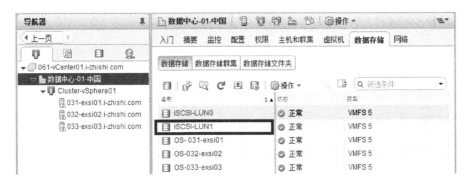

图 4-6-5-1　选择 iSCSI-LUN0

2）双击"iSCSI-LUN0"存储图标，选择"文件"选项，选择"iSCSI-LUN0"，如图 4-6-5-2 所示。单击"新建文件夹"图标，新建一个名为"ISO"的文件夹，如图 4-6-5-3 所示。

图 4-6-5-2　选择文件，iSCSI-LUN0

图 4-6-5-3　新建 ISO 文件夹

3）在选择新建的"ISO"文件夹，选择"将文件上传到数据存储"图标，弹出"文件上传"对话框，在窗口中文件名位置访问 ISO 所在目录"\\10.1.1.10\e$\Cloud\0-Tool\02-操作系统\Windows 7 Enterprise with Service Pack 1 (x86)\ cn_windows_7_enterprise_with_sp1_ x86_dvd _u_677716.iso"，如图 4-6-5-4 所示。单击"打开"按钮，上传 ISO 文件，之后可见在 ISO 文件夹中增加了一个 ISO 文件，如图 4-6-5-5 所示。

图 4-6-5-4 选择 ISO 文件

图 4-6-5-5 上传 ISO 成功

接下来将介绍如何管理虚拟机，包括创建与安装虚拟机。

4.7 管理虚拟机

服务器虚拟化平台配置好后，将用于管理虚拟机，在本节中将介绍创建虚拟机和为虚拟机安装操作系统的具体步骤，从而为后续要创建的企业云桌面提供模板机。

4.7.1 创建新虚拟机

要创建的新虚拟机的操作系统选择 Windows 7 Enterprise with Service Pack 1 (x86)。具体

操作步骤如下：

1）选择群集"Cluster-vSphere01"，准备为模板机创建虚拟机，如图 4-7-1-1 所示。

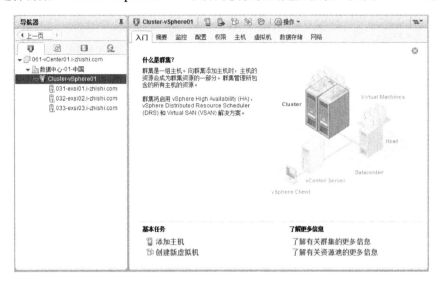

图 4-7-1-1　选择群集

2）选择"创建新虚拟机"命令，在"新建虚拟机"对话框中选择创建类型为"创建新虚拟机"，如图 4-7-1-2 所示，目的是创建 1 台操作系统为 Windows 7 的虚拟机，单击"下一步"按钮继续配置。

图 4-7-1-2　选择创建新虚拟机

3）在"选择名称和文件夹"对话框中，指定虚拟机在 vSphere 群集中的虚拟机的显示名称为"001-Win701"，如图 4-7-1-3 所示。单击"下一步"按钮继续配置。

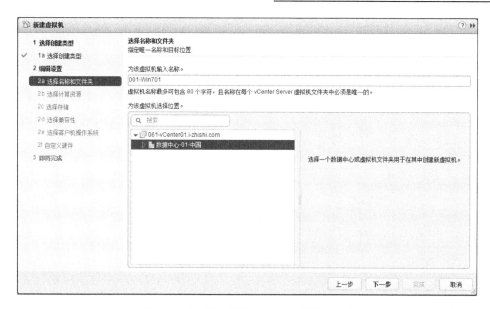

图 4-7-1-3　输入计算机名，选择数据中心

4）在"选择计算机资源"对话框中，将虚拟机放置在主机"031-esxi01.i-zhishi.com"上，如图 4-7-1-4 所示。单击"下一步"按钮继续进行配置。

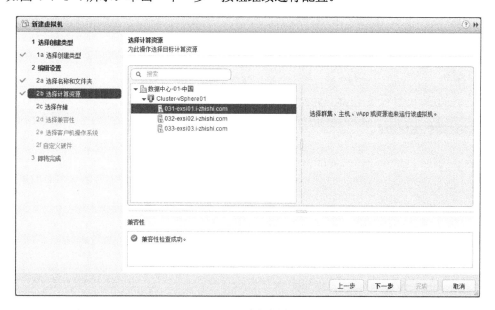

图 4-7-1-4　选择虚拟机放置的主机

5）在"选择存储"对话框中，指定虚拟机的存储位置为名为"iSCSI-LUN0"的存储服务器上，如图 4-7-1-5 所示，单击"下一步"按钮继续进行配置。

图 4-7-1-5　选择虚拟机放置存储所在卷

6）在"选择兼容性"对话框中设置兼容为"ESXi65 及更高版本"，如图 4-7-1-6 所示，单击"下一步"按钮继续配置。

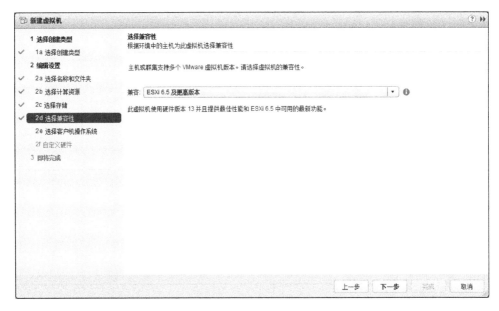

图 4-7-1-6　选择兼容性

7）在"选择客户端操作系统"对话框中，设置客户机操作系统系列为"Windows"，客户端操作系统版本为"Microsoft Windows 7(32 位)"，如图 4-7-1-7 所示，单击"下一步"按钮继续配置。

图 4-7-1-7　选择客户机操作系统

8）在"自定义硬件"对话框中（如图 4-7-1-8 所示），设置 CPU 为 2，内存为 2048MB，硬盘为 100GB，硬盘置备为精简置备，如图 4-7-1-9 所示；为设置 ISO，将新 CD/DVD 驱动器设为"cn_windows_7_enterprise_with_sp1_x86_dvd_u_677716.iso"，如图 4-7-1-10 所示。单击"下一步"按钮继续配置。

图 4-7-1-8　设置硬件

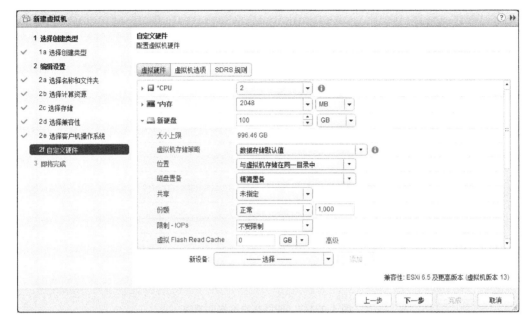

图 4-7-1-9　设置 CPU\内存\硬盘

图 4-7-1-10　挂载 ISO

9）在"即将完成"对话框中可浏览之前进行的各项设置，如图 4-7-1-11 所示，单击"完成"按钮完成配置。注意：检查这些设置是否与规划中一致，如果不一致，请单击"上一步"按钮去修改配置后，再继续后续步骤。

图 4-7-1-11　配置完成

10）新建的虚拟机如图 4-7-1-12 所示。接下来介绍如何为新建的虚拟机安装 Windows 7。

4.7.2　为虚拟机安装 Windows 7

本书为虚拟机安装的操作系统为 Windows 7 With SP1，关于安装 Windows 7 With SP1，请参考"企业云桌面-07-安装虚拟机-001-Win701，http://dynamic.blog.51cto.com/711418/1907046"。

安装完成 Windows 7 的虚拟机的基本信息和网络配置信息分别如图 4-7-2-1 和图 4-7-2-2 所示。

图 4-7-1-12　虚拟机创建完成

图 4-7-2-1　虚拟机的基本信息

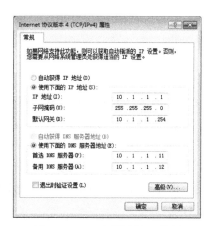

图 4-7-2-2　虚拟机的 IP 地址

在 vCenter 管理界面中，选择数据中心"数据中心-01-中国"-群集"Cluster-vSphere01"-虚拟机"001-Win701"，可见虚拟机的计算机名、IP 地址、所在主机名，如图 4-7-2-3 所示。

图 4-7-2-3　vCenter 管理界面中虚拟机的信息

接下来将讲解如何管理群集，进行虚拟机的冷迁移、虚拟机的动态迁移（VM vMotion）、虚拟机的存储的动态迁移（Storage vMotion）。

4.8　管理群集

在本节中将介绍虚拟机的冷迁移、虚拟机的动态迁移、虚拟机的存储的动态迁移等管理群集的内容，从而更好地为企业云桌面提供不间断的服务。

4.8.1　虚拟机冷迁移

本节中将介绍如何进行虚拟机冷迁移，具体步骤如下。

1）选择虚拟机"001-Win701"，右击鼠标选择"关机"命令，如图 4-8-1-1 所示。

图 4-8-1-1　虚拟机关机

2）选择虚拟机"001-Win701"，右击鼠标选择"迁移"命令，如图 4-8-1-2 所示。

3）在"001-Wind701 – 迁移"对话框中，选择"仅更改计算机资源"，如图 4-8-1-3 所示。单击"下一步"按钮继续进行配置。

4）在"选择计算机资源"对话框中，在"主机"中选择"032-esxi02.i-zhishi.com"，目的是将虚拟机从 1 台主机迁移到另 1 台主机，如图 4-8-1-4 所示，单击"下一步"按钮继续进行配置。

图 4-8-1-2　选择"迁移"命令　　　　　　　　　　图 4-8-1-3　选择迁移类型

图 4-8-1-4　选择迁移后的主机

5）在"选择网络"对话框中，保持网络设置不变，如图 4-8-1-5 所示，单击"下一步"按钮继续进行配置。

图 4-8-1-5　选择网络

6）在"即将完成"对话框中，此处统计了迁移的各项信息，如图 4-8-1-6 所示。单击"完成"按钮完成迁移。注意：检查迁移信息是否正确。

图 4-8-1-6　迁移即将完成

7）名为"001-Win701"的虚拟机从第 1 台主机迁移到第 2 台主机 032-esxi02.i-zhishi.com 之上，如图 4-8-1-7 所示。

图 4-8-1-7　虚拟机迁移完成

4.8.2　虚拟机动态迁移（VM vMotion）

在企业虚拟化管理平台中，有时候需要实时迁移，比如经常见的 Web 服务器，一般不允许关机迁移，就算有 Web 群集的情况下，也不允许关机迁移，因为担心会影响用户使用。本节就将介绍虚拟机动态迁移（VM vMotion）。具体操作步骤如下。

1）选择虚拟机"001-Win701"，右击鼠标选择"开机"命令，如图 4-8-2-1 所示。

图 4-8-2-1　虚拟机开机

2）选择虚拟机"001-Win701"，右击鼠标选择"迁移"命令，如图 4-8-2-2 所示。

3）选择迁移类型，在"001-Win701 - 迁移"对话框中，选择"仅更改计算资源"，如图 4-8-2-3 所示，单击"下一步"按钮继续进行配置。

图 4-8-2-2　选择"迁移"命令　　　　　　　　图 4-8-2-3　选择迁移类型

4）在"选择计算资源"对话框中，选择名为"031-exsi01-zhishi.com"的主机，将虚拟机动态迁移回"031-esxi01.i-zhishi.com"上，如图 4-8-2-4 所示，单击"下一步"按钮继续进行配置。

图 4-8-2-4　迁移后的主机

5）在"选择网络"对话框中，保持默认选择，如图 4-8-2-5 所示，单击"下一步"按钮继续进行配置。

图 4-8-2-5　选择网络

6）在"选择 vMotion 优先级"对话框中，保持默认选择，如图 4-8-2-6 所示，单击"下一步"按钮继续进行配置。

图 4-8-2-6　选择 vMotion 优先级

7）在"即将完成"对话框中，可查看各项迁移的设置，如图 4-8-2-7 所示。单击"完成"按钮，完成迁移。

图 4-8-2-7　迁移即将完成

8）如图 4-8-2-8 所示，虚拟机正常迁移到了"031-esxi01.i-zhishi.com"。虚拟机在迁移的过程中，主机一直在 Ping 这台虚拟机的 IP 地址，直到迁移完成 Ping 包只断了一个，这将不影响迁移的完成，如图 4-8-2-9 所示。注意：此环境是模拟测试，配置与性能跟真实环境有差异，如果真实环境在动态迁移的时候，有可能 Ping 包一直不会断。

图 4-8-2-8　虚拟机迁移正常

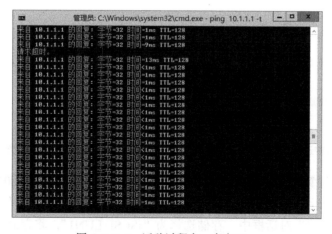

图 4-8-2-9　迁移过程中一直在 Ping

4.8.3 虚拟机存储动态迁移（Storage vMotion）

以上两节主要讲是虚拟机关机状态的冷迁移和开机状态的动态迁移，都是将虚拟机从一台主机迁移到另一台主机，但是有些时候虚拟机迁移不光是迁移到另一台主机，而且还需要迁移到另一台存储服务器，这就是虚拟机存储动态迁移。

本节就将介绍虚拟机的存储动态迁移（Storage vMotion）。具体操作步骤如下。

1）选择虚拟机"001-Win701"，右击鼠标选择"开机"命令，如图4-8-3-1所示。

图 4-8-3-1　虚拟机开机

2）选择虚拟机"001-Win701"，右击鼠标选择"迁移"命令，如图4-8-3-2所示，单击"下一步"按钮继续进行配置。

3）在"001-Win701-迁移"对话框中，选择"更改计算机资源和存储"，目的将虚拟机从1个存储卷迁移到另1存储卷，从1台主机迁移到另1台主机，如图4-8-3-3所示，单击"下一步"按钮继续进行配置。

图 4-8-3-2　右键迁移

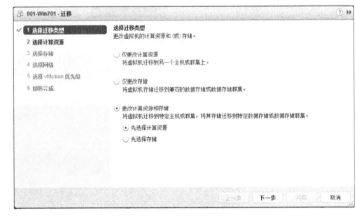

图 4-8-3-3　选择迁移类型

4）在"选择计算机资源"对话框中，将虚拟机迁移到"032-esxi01.i-zhishi.com"主机，如图4-8-3-4所示，单击"下一步"按钮继续进行配置。

5）在"选择存储"对话框中，存储选择为"iSCSI-LUN1"，将存储从一个存储中迁移到另一个存储中，如图 4-8-3-5 所示。单击"下一步"按钮继续进行配置。

图 4-8-3-4　选择计算机资源

图 4-8-3-5　选择存储

6）在"选择网络"对话框中保持默认选择，如图 4-8-3-6 所示，单击"下一步"按钮继续进行配置。

7）在"选择 vMotion 优先级"对话框中保持默认选择，如图 4-8-3-7 所示，单击"下一步"按钮继续进行配置。

图 4-8-3-6 选择网络

图 4-8-3-7 选择 vMotion 优先级

8）在"即将完成"对话框中可查看各项迁移设置。单击"完成"按钮完成迁移，如图 4-8-3-8 所示。

9）虚拟机的主机和存储进行了动态迁移，如图 4-8-3-9 所示。迁移完成后，可见存储在"iSCSI-LUN0"中的虚拟机不存在了，如图 4-8-3-10 所示；存储"iSCSI-LUN1"中新增了虚拟机"001-Win701"，如图 4-8-3-11 所示。

图 4-8-3-8　迁移即将完成

图 4-8-3-9　虚拟机迁移完成

图 4-8-3-10　"iSCSI-LUN0"中已无虚拟机

图 4-8-3-11　"iSCSI-LUN1"中新增虚拟机"001-Win701"

4.9 本章小结

本章介绍了服务器虚拟化的基本概念，讲解了 VMWare ESXi6.5 的安装与设置以及 VMWare ESXi 主机的设置，讲解了 VMware vCenter Server 的安装与配置，在此基础上介绍了管理虚拟机、管理群集的内容，从而实现了虚拟机冷迁移、虚拟机动态迁移（VM vMotion）、虚拟机存储动态迁移（Storage vMotion）。

第5章
部署服务器虚拟化之
VMware vSAN

VMware Virtual SAN（vSAN）是 VMware 的软件定义存储产品，vSAN 利用多台服务器后端不外接存储，而是直接利用本地的 SAS、SSD 硬盘来做存储，通过在 vCenter 中配置 vSAN 进行集中管理 SAS、SSD，这样可以减少项目的成本，也可以方便地管理存储。

本章的内容源自实战经验---为了保证云桌面群集的高可用性，每个群集至少4台主机，每台主机后端不接存储（这是与第4章的最大区别），利用本地存储使用 vCenter 配置 vSAN，如果任意 1 台主机不可用，至少还有 3 台主机可以保证业务正常运行；为了保证服务器的各个功能的网络分开管理，每个主机分别配置6个网卡，其中根据不同的功能，按照管理、VM、存储、vMotion、FT 等分开规划；利用 vSAN 本机的存储来存放企业中的企业云桌面。

本章要点：
- Vmware Virtual SAN 介绍。
- 为 vSAN 安装 VMware ESXi 6.5。
- 为 vSAN 进行常规配置。
- 为 vSAN 创建、配置群集。
- 为 vSAN 管理群集，包括 HA、DRS 的管理。
- 为 vSAN6.5 管理虚拟机。

5.1　VMware Virtual SAN 介绍

VMware Virtual SAN（vSAN）使用软件定义的方法为虚拟机创建共享存储。vSAN 可以虚拟化 ESXi 主机的本地物理存储资源，并将这些资源转化为存储池，然后可根据虚拟机和应用程序的服务质量要求划分这些存储池并分配给这些虚拟机和应用程序。vSAN 可以直接在 ESXi 管理程序中实现。

vSAN 是作为 ESXi 管理程序的一部分在本机运行的分布式软件层。vSAN 可汇总主机群集在本地或直接连接的存储设备，并创建在 Virtual SAN 群集的所有主机之间共享的存储池。vSAN 支持 HA、vMotion 和 DRS 等需要共享存储的 VMware 功能，但它无需外部共享存储。

vSAN 的版本截止本书写作时最新版本为 VMware Virtual SAN 6.5，如果有更新的版本读者仍可对照参考本章进行测试和学习。

5.2　vSAN 的 ESXi 主机安装与配置

vSAN 也是基于 ESXi 的基础之上的，vSAN 在 vCenter 进行配置，同时创建磁盘组，启用 vSphere HA 和 DRS 功能。安装 vSAN 群集中的 ESXi 主机与普通群集中安装 ESXi 主机区别不大，本节中将主要介绍两者之间的区别。

5.2.1　准备主机硬件环境

在企业云桌面的规划中，企业云桌面的管理群集中规划有 3 台 ESXi 主机，在使用 VMWare Workstaion 12 Pro 部署的虚拟机中安装 VMWaer ESXi 6.5，连接后端的 Openfiler 存储来提供服务；但企业云桌面的桌面群集规划了 4 台 ESXi 主机，使用在 VMWare Workstaion 12 Pro 部署的虚拟机中安装 VMware ESXi 6.5，但后端不连接存储，都使用本地存储来做存储。每台 ESXi 主机使用模拟的两个 480GB 的 SSD 硬盘和 6 个 1.2TB 的 SAS 硬盘通过配置组成存储，其中 1 个 SSD 硬盘加 3 个 SAS 硬盘组成一个磁盘组，另外 1 个 SSD 硬盘加另外 3 个 SAS 硬盘组成另一个磁盘组。

本节将介绍准备这 4 台桌面群集的 ESXi 主机的一些基本配置。

1）企业云桌面的桌面群集中规划的 4 台 ESXi 主机的基本信息如表 5-2-1-1 所示。

表 5-2-1-1　4 台桌面群集的 ESXi 主机基本信息

编号	计算机名	网卡	IP
1	041-exsi01.i-zhishi.com	1-Management Network	10.1.1.41
		2-vMotion Network	10.1.2.41
		3-vSAN Network	10.1.3.41
2	042-exsi02.i-zhishi.com	1-Management Network	10.1.1.42
		2-vMotion Network	10.1.2.42
		3-vSAN Network	10.1.3.42
3	043-exsi03.i-zhishi.com	1-Management Network	10.1.1.43
		2-vMotion Network	10.1.2.43
		3-vSAN Network	10.1.3.43
4	044-exsi04.i-zhishi.com	1-Management Network	10.1.1.44
		2-vMotion Network	10.1.2.44
		3-vSAN Network	10.1.3.44

2）参考"企业云桌面-08-准备虚拟机-041-exsi01-042-exsi02-043-exsi03-044-exsi04，http://dynamic.blog.51cto.com/711418/1907807"，在使用 VMware Workstaion 12 Pro 部署的虚拟机中安装 VMWare ESXi 6.5，安装完成后，虚拟机的配置信息如图 5-2-1-1 所示。

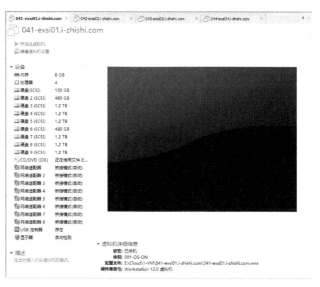

图 5-2-1-1　新建完成的 ESXi 主机 041-exsi01.i-zhishi.com

3）以上 4 台 ESXi 主机对应实际生产环境中的 4 台服务器，只是使用 VMware Workstaion 12 Pro 来模拟的，同样能实现各项高级功能。

5.2.2　安装 VMware ESXi

在安装 vSAN 6.5 的服务器虚拟化主机的时候，与平时安装一样，最主要是规划上面有区别，在本节中主要介绍安装后的结果，具体安装过程请参考 4.2.2 安装服务器虚拟化主机 VMware ESXi 6.5。

1）在安装过程中，主要区别是在 vSAN 环境中有 9 块硬盘，其中 1 个系统盘（100GB），两个 SSD 硬盘（各为 480GB），6 个 SAS 硬盘为（各为 1.2TB），这个硬盘的规划完全是模拟实际项目中的规划。ESXi 6.5 同样是安装在容量为 100GB 的系统盘上，如图 5-2-2-1 所示。

2）为这 4 台主机安装完 VMware ESXi 6.5 后，系统提示如图 5-2-2-2 所示。

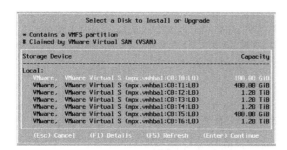

图 5-2-2-1　选择系统盘安装 VMware ESXi6.5

图 5-2-2-2　VMware ESXi 安装完成后

5.2.3 配置 VMware ESXi

在此处配置 VMware ESXi 6.5 的时候方法与步骤与前面配置相同,具体请参考 4.3 节配置 VMware ESXi 6.5 的相关内容。

配置完的第 1 台 ESXi 主机 041-exsi01 的登录界面如图 5-2-3-1 所示。其他 3 台 ESXi 主机的配置与此相同。

图 5-2-3-1　第 1 台 ESXi 主机登录界面

5.3 vSAN 的 ESXi 主机常规设置

vSAN6.5 的 ESXi6.5 主机配置主要包括配置时间服务器、修改本地存储显示名、修改标准交换机、添加标准交换机、激活 VMware ESXi 6.5 这几个步骤,主要参考 4.3 VMware ESXi 6.5 常规设置的内容。唯一区别是添加标准交换机涉及的 vSAN 6.5 的配置需要在 vCenter 中进行,其他配置步骤一模一样。

以下是主机 041-exsi01 主机配置完成后的情况,其他 3 台主机完全相同。

1)主机 041-exsi01 的时间服务器配置如图 5-3-1 所示。

图 5-3-1　时间服务器配置

2)主机 041-exsi01 修改本地存储显示名后,如图 5-3-2 所示。

图 5-3-2　修改本地存储显示名

3）主机 041-exsi01 修改标准交换机后，如图 5-3-3 所示。

图 5-3-3　修改标准交换机显示名称

4）主机 041-exsi01 添加标准交换机后，如图 5-3-4 所示。

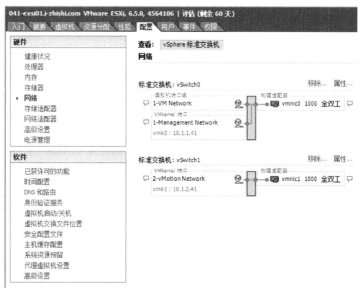

图 5-3-4　添加标准交换机

5) 主机 041-exsi01 激活 VMware ESXi6.5 后，如图 5-3-5 所示。

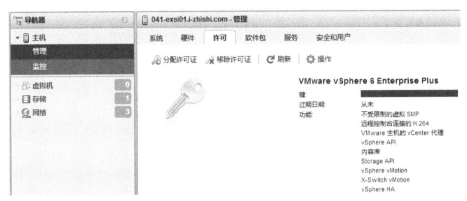

图 5-3-5　激活 ESXi 6.5

6）为这 4 台主机创建 A 记录，目的是为后续通过计算机名统一管理，比如通过计算机名为 041-exsi01 的主机来管理，而非依照 IP 地址进行管理，如图 5-3-3-6 所示。

图 5-3-6　增加 A 记录

以上是针对 vSAN 6.5 中第 1 台主机的配置，其他 3 台主机配置一样，在此不再赘述。为了后面的测试不影响，建议将 041-exsi01 到 044-exsi04 这 4 台主机先关机，内存修改为 16GB 后再开机。

5.4　在 vCenter 中配置 vSAN 群集

在前面的准备工作准备完成后，接下来需要在 vCenter 6.5 中配置基于 Vsan 6.5 的群集，从而合理利用本地磁盘组成群集实现存储功能，来为企业云桌面的桌面群集提供服务。

5.4.1　添加主机

在做完前面的准备工作以后，本节中将这 4 台 ESXi 主机添加到 vCenter 6.5 中为 vSAN 群集作准备。

打开 vCenter 主界面，选择导航器栏下的 "061-Vcenter01.i-zhishi.com" 中名为 "数据中心-01-中国" 的数据中心；参考 "4.6.4 添加主机" 的相应步骤，将 4 台 ESXi 主机增加到数据中心中，添加完成后如图 5-4-1-1 所示。

图 5-4-1-1　添加 4 台 vSAN 主机后的数据中心

5.4.2　创建标准交换机

接下来为 vSAN 群集增加标准交换机。需要说明的是，通过 vSphere Client 添加标准交换机的时候，默认是没有vSAN 功能的，要配置实现具有 vSAN 功能的标准交换机，需要能过 Web Client 进入 vCenter 中配置，这是 vCenter 6.5 与 vCenter 6.0 区别。

1）在 vSphere Web Client 中，导航到 ESXi 主机 "041-exsi01.i-zhishi.com" 上，在配置选项卡上，展开网络选项，然后选择 VMkernel 适配器，可见前面修改和添加的标准交换机，如图 5-4-2-1 所示。

图 5-4-2-1　选择 VMKernel 适配器

2）单击 "添加主机网络" 图标，在 "选择连接类型" 对话框中，选择 "VMkernel 网络适配器"，如图 5-4-2-2 所示，然后单击 "下一步" 按钮。注意："添加主机网络" 是 VMKernel 网络适配器 vmk0 上面的带加号的小图标。

图 5-4-2-2　添加网络

3）在"选择目标设备"对话框中，选择"新建标准交换机"，如图 5-4-2-3 所示，然后单击"下一步"按钮。

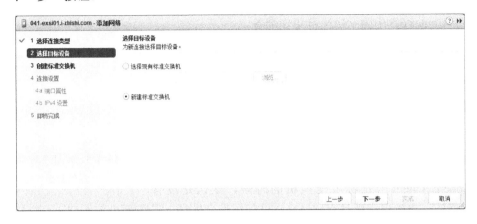

图 5-4-2-3　选择新建标准交换机

4）在"创建标准交换机"对话框中，选择"创建标准交换机"，再选择"活动适配器"，如图 5-4-2-4 所示；单击"+"按钮，在"将物理活动适配器添加到交换机"对话框中，选择网络适配器中的"vmnic2"，如图 5-4-2-5 所示，然后单击"确定"按钮，将 vmnic2 网卡添加到新的标准交换机中，如图 5-4-2-6 所示，然后单击"下一步"按钮。

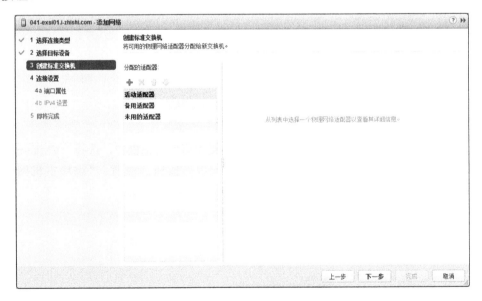

图 5-4-2-4　选择创建标准交换机

图 5-4-2-5 选择 vmnic2

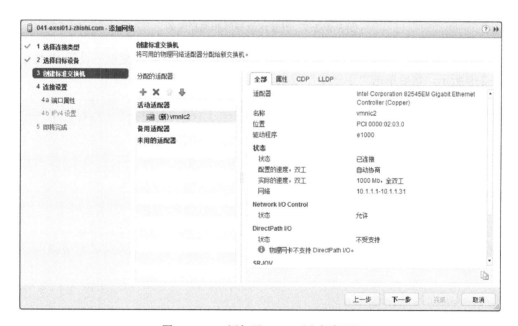

图 5-4-2-6 添加了 vmnic2 活动适配器

5）在"连接设置"对话框中，选择"4a 端口属性"，在"网络标签"中输入"3-vSAN Network"，在"已启用的服务"中选择"Virtual SAN"，如图 5-4-2-7 所示，然后单击"下一步"按钮。注意：此处选择 Virtual SAN 服务目的就是将此交换机配置单独为 vSAN 使用。

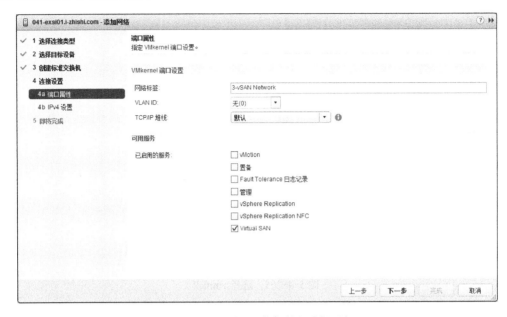

图 5-4-2-7　设置网络标签和选择服务

6）在"连接设置"对话框中，选择"4b IPv4 设置"，为此标准交换机设置 IP 地址，如图 5-4-2-8 所示，然后单击"下一步"按钮。

图 5-4-2-8　设置此标准交换机 IP

7）在"即将完成"对话框中，可见针对此交换机的所有设置，如果有问题可以返回修改，如图 5-4-2-9 所示，然后单击"完成"按钮。

图 5-4-2-9　"即将完成"对话框

8）在 vCenter 中可以看到为名为 vSwitch2 的 vSAN 虚拟交换机创建完成，如图 5-4-2-10 所示。按照以上步骤为其他 3 台主机添加 vSAN 的虚拟交换机。

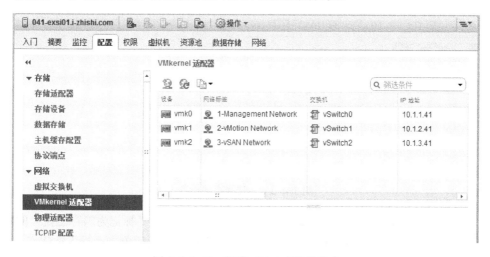

图 5-4-2-10　新建 vSAN 交换机完成

5.4.3　将 HDD 标记为 SSD

在配置 VMware vSAN 6.5 的时候，需要使用 SSD 硬盘来做缓存，但是测试环境中没有单独的 SSD 硬盘来做实验，但在 vCenter 中可以将普通的 HDD 硬盘设为 SSD 硬盘，在本节中将介绍如何将 HDD 标记为 SSD。当然如果是生产环境，都会使用真实的 SSD 硬盘来配置而不需要进行本节的操作。

1）打开 vCenter，选择数据中心为"数据中心-01-中国"，选择名为"041-exsi01.i-zhishi.com"的 ESXi 主机，如图 5-4-3-1 所示。

图 5-4-3-1　新建 vSAN 交换机完成

2）选择"配置"选项卡中的"存储设备"，可见前期规划添加的两个 SSD 硬盘，以及其他 6 个 SAS 的硬盘，如图 5-4-3-2 所示。

图 5-4-3-2　选择存储设备

3）单击容量为 480GB 的 HDD 硬盘，单击"F"图标，在"标记为闪存磁盘"的对话框中选择"将所选磁盘标记为闪存磁盘"，如图 5-4-3-3 所示，然后单击"是"按钮。

图 5-4-3-3　标记为闪存磁盘

4）单击"是",之后可见第 1 个 480GB 的 HDD 硬盘的标记已改为"SSD",将另一个 480GB 的 HDD 硬盘的标记也改为 SSD,如图 5-4-3-4 所示。

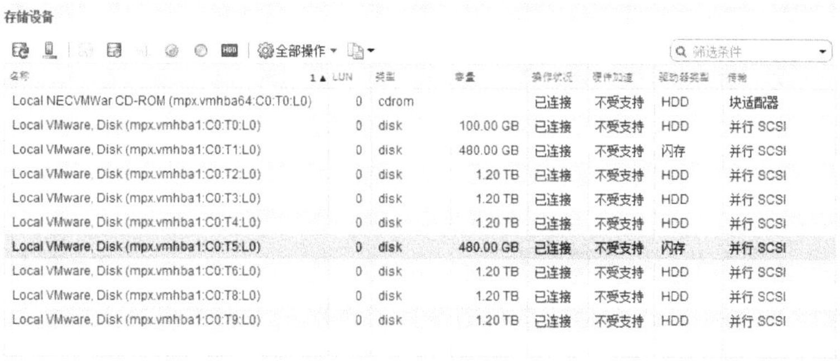

图 5-4-3-4　将 HDD 标记为闪存

5）以同样的方法,给另外 3 台 ESXi 主机进行同样的标识。

5.4.4　创建 vSAN 群集

接下来介绍创建 vSAN 群集及启用 vSAN 功能。在 vCenter 6.5 中创建群集的时候,可以启用 vSAN 功能,但在配置的时候一般先不启用,在创建好群集后,再去启用 vSAN 功能。

1）打开 vCenter,选择"数据中心-01-中国",如图 5-4-4-1 所示。

图 5-4-4-1　选择数据中心

2）选择基本任务中的"创建群集"命令,在"新建群集"对话框中输入群集名字为"Cluster-vSAN01",如图 5-4-4-2 所示,然后单击"确定"按钮,在导航器中可见创建好的群集 Cluster-vSAN01,如图 5-4-4-3 所示。

图 5-4-4-2　新建群集　　　　　　　　　图 5-4-4-3　创建好的群集

3）选择群集"Cluster-vSAN01"，右击鼠标，再单击"将主机移入群集"，如图 5-4-4-4 所示，然后选中 vSAN 的这 4 台 ESXi 主机；单击"确定"按钮后，将 4 台 ESXi 主机添加到群集"Cluster-vSAN01"中，如图 5-4-4-5 所示。

图 5-4-4-4　将主机移入群集　　　　　　图 5-4-4-5　将主机移入群集

4）选择群集"Cluster-vSAN01"，再选择"配置"选项卡→"Virtual SAN"中的"常规"选项，单击"配置"按钮，如图 5-4-4-6 所示。

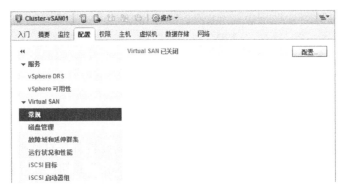

图 5-4-4-6　选择 Virtual SAN 配置

5）在"Cluster-vSAN01-配置 Vitrual SAN"对话框中，在"Virtual SAN 功能"对话框的"磁盘声明"选项中，将其向存储添加磁盘设置为"手动"，如图 5-4-4-7 所示，然后选择"下一步"按钮。

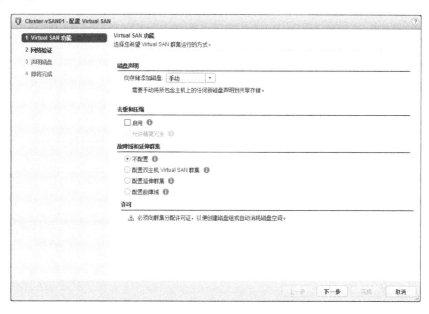

图 5-4-4-7　选择磁盘声明为手动

6）在"网络验证"对话框中，保持默认设置不变，目的是选择每台 ESXi 主机参与 vSAN 的网卡，如图 5-4-4-8 所示，然后单击"下一步"按钮。

图 5-4-4-8　选择网络验证

7）在"声明磁盘"对话框中保持默认设置，如图 5-4-4-9 所示，单击"下一步"按钮。注意：这里显示的"2 个磁盘在 4 个主机上"和"6 个磁盘在 4 个主机上"，与实际规划是一致的。在自己的环境中千万注意是否与规划相符，如果不相符，请先处理好磁盘后再继续设置。

图 5-4-4-9　选择声明磁盘

8）在"即将完成"对话框中可见所有设置，如图 5-4-4-10 所示，单击"完成"按钮。在 vCenter 管理界面中可见 Virtual SAN 已打开，如图 5-4-4-11 所示。

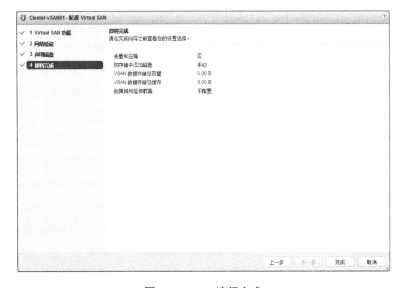

图 5-4-4-10　选择完成

图 5-4-4-11 vSAN 开启完成

5.4.5 为 vSAN 群集创建磁盘组

在 vSAN 群集配置好后，需要手动将各个磁盘加入到磁盘组中，本节将介绍如何创建两个磁盘组，将两个 SSD 硬盘和 6 个 SAS 硬盘分别加入磁盘组中。具体步骤如下。

1）选择数据中心"数据中心-01-中国"，再选择群集"Cluster-vSAN01"，再单击"配置"选项卡，选择"Virtual SAN"中的"磁盘管理"，选择主机"041-esxi01.i-zhishi.com"，单击"创建磁盘组"图标，如图 5-4-5-1 所示。

图 5-4-5-1 选择磁盘管理创建磁盘组

2）在"041-exsi01.i-zhishi.com-创建磁盘组"对话框中，按照如图 5-4-5-2 所示进行设置，目的是将 1 个 SSD 和 3 个 SAS 组成 1 个磁盘组。单击"确认"按钮后，完成第一个磁盘组的创建，如图 5-4-5-3 所示。

图 5-4-5-2　选择 1 个 SSD，3 个 SAS

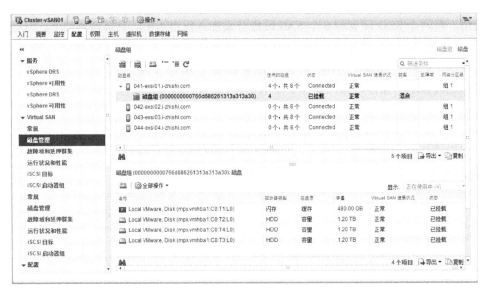

图 5-4-5-3　选择确认创建好第 1 个磁盘组

3）重复上述步骤，完成第 2 个磁盘组的创建，创建完成后的两个磁盘组如图 5-4-5-4 所示。

图 5-4-5-4　创建完成两个磁盘组

4）针对所有 ESXi 主机都分别配置好两个磁盘组，配置完成后，磁盘组如图 5-4-5-5 所示。

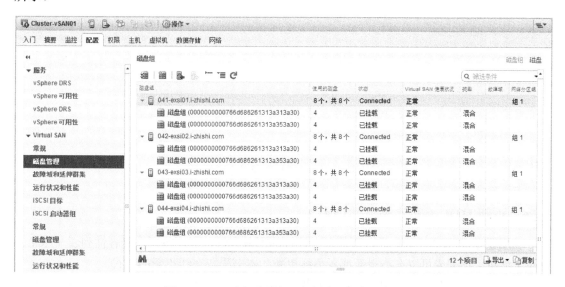

图 5-4-5-5　为每个服务器都创建了两个磁盘组

5）选择群集"Cluster-vSAN01"，再单击"摘要"选项卡，将看到所有告警信息，如图 5-4-5-6 所示。

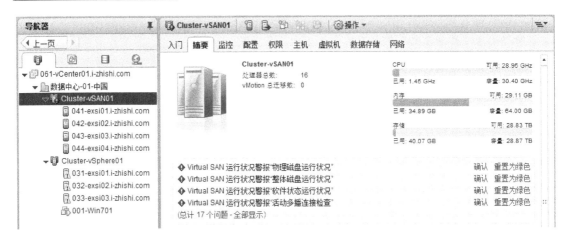

图 5-4-5-6　在摘要中可见所有告警信息

6）告警信息有可能是误报或者因为是测试环境性能不够所致，将警告重置为绿色即可，如图 5-4-5-7 所示。至此，为 vSAN 群集创建磁盘组完成。

图 5-4-5-7　选择重置所有警告

5.4.6　更新 HCL（硬件兼容性列表）

在配置完成 vSAN 6.5 后，可能存在硬件的不兼容性，需要将硬件兼容性列表（HCL）更新至最新，该列表可以在线更新或者离线更新，本书采取在线更新的方式。

本节将介绍如何在线更新 HCL，如果自己的环境不能在线更新，可以下载离线包进行更新。

1）选择群集"Cluster-vSAN01"，再单击右边的"配置"选项卡，选择"Virtual SAN"中的"常规"选项，如图 5-4-6-1 所示。再单击"Internet 连接"的"编辑"按钮，在"VSAN 群集-编辑 Internet 连接"对话框中选择"为此群集启用 Internet 访问"，如图 5-4-6-2

所示，单击"确定"按钮，之后 Internet 连接状态为"已可用"，如图 5-4-6-3 所示。

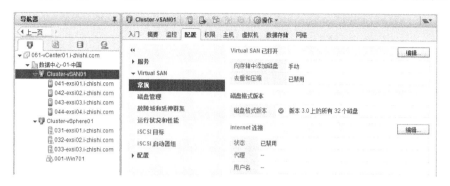

图 5-4-6-1　选择"常规"选项

图 5-4-6-2　选择"为此群集启用 Internet 访问"

图 5-4-6-3　Internet 连接已启用

2）单击"配置"选项卡，再选择"运行状况和性能"，单击"HCL 数据库"中的"联机获取最新版本"按钮，如图 5-4-6-4 所示，目的是将 HCL 数据库更新到最新。更新到最新后，显示上次更新时间为"今天"，如图 5-4-6-5 所示。

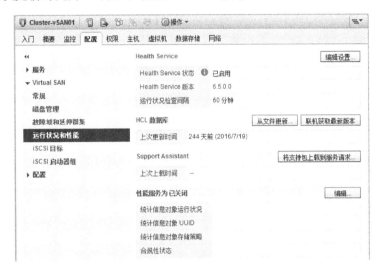

图 5-4-6-4　选择"联机获取最新版本"

图 5-4-6-5　HCL 数据库已更新到最新

5.4.7　为 vSAN 6.5 分配许可证

为了正常使用 vSAN 6.5 的功能，需要购买并为其分配正版许可证。关于各类不同功能许可证的价格，请咨询官方报价。本节将介绍如何为 vSAN 6.5 分配许可证。

1）选择群集"Cluster-vSAN01"，再选择"配置"选项中的"许可"，如图 5-4-7-1 所示，单击"分配许可证"按钮，在"Cluster-vSAN01-分配许可证"对话框中显示了试用许可证，如图 5-4-7-2 所示。

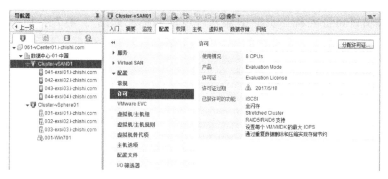

图 5-4-7-1　选择分配许可证

图 5-4-7-2　"分配许可证"对话框

2）单击左上角的"+"按钮，在"新许可证"对话框中的"输入许可密钥"页面中，输入许可证密钥，如图 5-4-7-3 所示，单击"下一步"按钮继续。

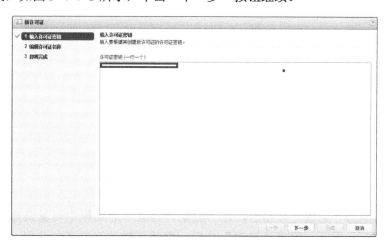

图 5-4-7-3　输入许可

3）在"编辑许可证名称"页面中输入许可证名称，如图 5-4-7-4 所示，单击"下一步"按钮继续。

图 5-4-7-4　输入许可证名称

4）在"即将完成"页面中可以看见设置的许可证名称和许可证密钥，如图 5-4-7-5 所示，单击"完成"按钮。

图 5-4-7-5　许可证的分配即将完成

5）单击上图的"完成"按钮后，在"分配许可证"对话框中可见新建的许可证已存在，如图 5-4-7-6 所示；单击"确定"按钮，完成新建的许可证的分配，如图 5-4-7-7 所示。

图 5-4-7-6　单击"确定"按钮导入新建许可证

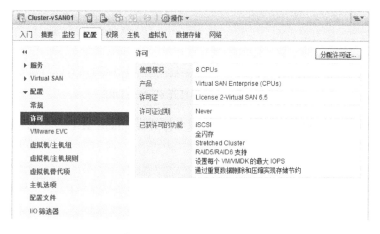

图 5-4-7-7　许可证分配完成

5.4.8　配置 vSphere HA 和 vSphere DRS

通过 VMware ESXi 6.5 后端连接 FC\ISCSI 存储可以实现 HA、DRS、FT 功能，当然后端使用 vSAN 存储照常可实现这些高级功能。本节将介绍最基本的 vSphere HA 和 vSphere DRS 的配置。具体步骤如下。

1）选择群集"Cluster-vSAN01"，如图 5-4-8-1 所示。

2）单击"配置"选项卡，再选择"服务"中"vSphere DRS"，如图 5-4-8-2 所示；单击"编辑"按钮，打开"Cluster-vSAN01-编辑群集设置"对话框，在"vSphere DRS"页面中，选择"打开 vSphere DRS"选项，"DRS 自动化"选择"全自动"，如图 5-4-8-3 所示，单击"确定"按钮。

图 5-4-8-1 选择 Cluster-vSAN01 　　　　　　图 5-4-8-2 选择 vSphere DRS

图 5-4-8-3 选择打开 vSphere DRS

3）在"vSphere 可用性"对话框中，选择"打开 vSphere HA"选项，如图 5-4-8-4 所示，单击"确定"按钮。

图 5-4-8-4 选择"打开 vSphere HA"选项

4）在"故障和响应"对话框中，选择"启用主机监控"选项，如图 5-4-8-5 所示，单击"确定"按钮继续。

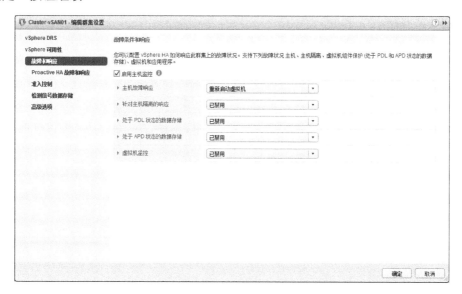

图 5-4-8-5　启用主机监控

5）在"Proactive HA 故障和响应"对话框中，选择"自动化级别"为"自动"，如图 5-4-8-6 所示，单击"确定"按钮继续。

图 5-4-8-6　选择自动化级别为自动

6）在"准入控制"对话框中保持默认设置不变，如图 5-4-8-7 所示，单击"确定"按钮继续。

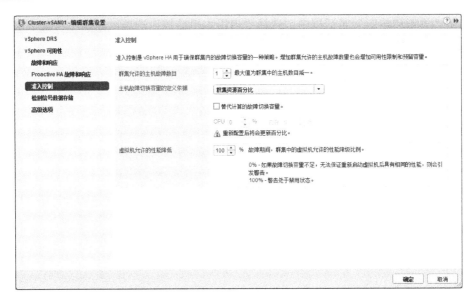

图 5-4-8-7 "准入控制"对话框

7）在"检测信号数据存储"对话框中，保持默认选项不变，如图 5-4-8-8 所示，单击"确定"按钮继续。

图 5-4-8-8 "检测信号数据存储"对话框

8）在"高级选项"对话框中，保持默认选项不变，如图 5-4-8-9 所示，单击"确定"按钮继续。

9）在 vSAN 主界面的"vSphere DRS"页面中，可见 vSphere DRS 已打开，如图 5-4-8-10 所示。

图 5-4-8-9 选择高级选项

图 5-4-8-10 vSphere DRS 已打开

10）在"vSphere 可用性"页面中，可见 vSphere HA 已打开，如图 5-4-8-11 所示。

图 5-4-8-11 vSphere HA 已打开

至此，企业云桌面的管理群集 Cluster_vSphere01 与桌面群集 Cluster_vSAN01 已配置完成，如图 5-4-8-12 所示。

5.5 在 vSAN 群集中管理虚拟机

在 vSAN 群集中的虚拟机管理与后端连接存储的虚拟机管理区别不大，主要区别在于创建虚拟机选择的存储位置不一样。本节将介绍在 vSAN 中创建虚拟机和安装虚拟机的基本步骤。

5.5.1 创建新虚拟机

首先创建新虚拟机，具体步骤如下。

1）选择群集"Cluster-vSAN01"，单击"创建新虚拟机"按钮，如图 5-5-1-1 所示。

图 5-4-8-12　完成云桌面服务器
虚拟化环境

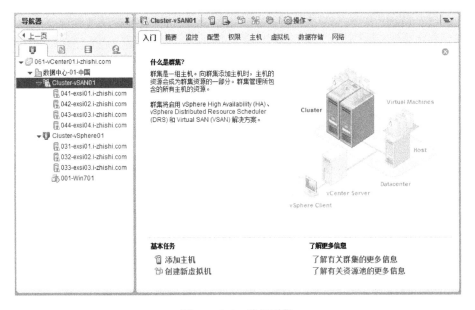

图 5-5-1-1　选择群集

2）在随后打开的"新建虚拟机"-"1a 选择创建类型"对话框中，选择"创建新虚拟机"选项，如图 5-5-1-2 所示，目的是创建 1 台操作系统为 Windows 7 的虚拟机。单击"下一步"按钮继续。

3）在"编辑设置"-"2a 选择名称和文件夹"对话框中，为该虚拟机输入名称为"002-Win702"，如图 5-5-1-3 所示，目的是指定该虚拟机在 vSphere 群集中的显示名称为 002-Win702，单击"下一步"按钮继续。

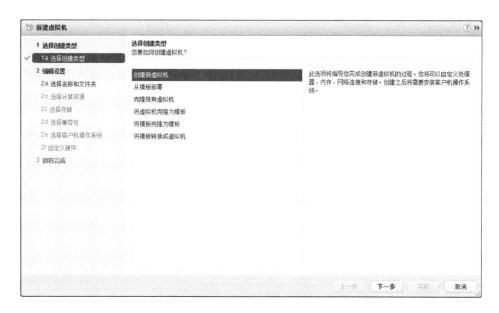

图 5-5-1-2　选择创建新虚拟机

图 5-5-1-3　输入计算机名，选择数据中心

4）在"编辑设置"-"2b 选择计算资源"对话框中，选择群集"Cluster-vSAN01"中的
"041-ESXi01.i-zhishi.com"主机，如图 5-5-1-4 所示。目的是将虚拟机放置到这台主机之
上。单击"下一步"按钮继续。

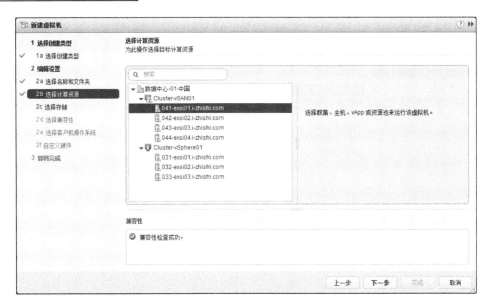

图 5-5-1-4　选择虚拟机放置的物理机

5）在"编辑设置"-"2c 选择存储"对话框中，选择存储为"vsanDatastore"，如图 5-5-1-5 所示，目的将虚拟机放置在 vSAN 存储之上。单击"下一步"按钮继续。注意：这是与第 4 章中创建虚拟机中最大区别，此存储是 vSAN 存储，而非 ISCSI、FC 存储。

图 5-5-1-5　选择虚拟机放置的存储卷

6）在"编辑设置"-"2d 选择兼容性"对话框中，保持默认设置不变，如图 5-5-1-6 所示。单击"下一步"按钮继续。

图 5-5-1-6　"选择兼容性"对话框

7）在"编辑设置"–"选择客户端操作系统"对话框中，选择客户端操作系统为"Microsoft Windows 7(32 位)"，如图 5-5-1-7 所示。单击"下一步"按钮继续。

图 5-5-1-7　选择客户机操作系统

8）在"编辑设置"–"2f 自定义硬件"对话框中，在虚拟硬件设置栏里：设置 CPU 为 2，内存为 2048MB，新硬盘为 50GB，硬盘置备为"精简置备"，如图 5-5-1-8 所示；新 CD/DVD 驱动器为"数据存储 ISO 文件"，如图 5-5-1-9 所示。单击"下一步"按钮继续。

图 5-5-1-8　设置 CPU\内存\硬盘

图 5-5-1-9　挂载 ISO

9）在"即将完成"对话框中，可见前面完成的各项配置，如图 5-5-1-10 所示。注意检查各配置是否正常。之后单击"完成"按钮，完成 vSAN 新建虚拟机的设置。此时 vCenter 管理界面中的导航器如图 5-5-1-11 所示，可见新建了一个名为"002-Win702"的虚拟机。但此时该虚拟机尚未安装操作系统，还不能使用。

图 5-5-1-10　配置完成

图 5-5-1-11　虚拟机"002-Win702"创建完成

5.5.2　为虚拟机安装 Windows 7

关于为虚拟机安装 Windows 7 With SP1 的步骤，请参考"企业云桌面-09-安装虚拟机-002-Win702，http://dynamic.blog.51cto.com/711418/1922208"。

1）为虚拟机安装好 Windows 7 操作系统后，查看计算机名，如图 5-5-2-1 所示；新虚拟机的 IP 地址如图 5-5-2-2 所示。

图 5-5-2-1 查看新虚拟机的计算机名

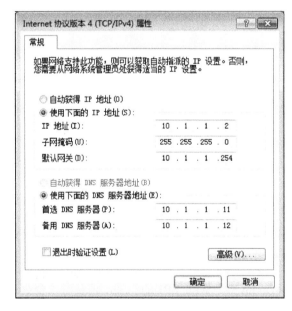

图 5-5-2-2 查看新装虚拟机的 IP 地址

2）在 vCenter 管理界面中选择数据中心"数据中心-01-中国"，再选择群集"Cluster-vSAN01"，此时的虚拟机"002-Win702"已完成安装可以使用，如图 5-5-2-3 所示。

图 5-5-2-3　安装好的虚拟机

5.6　本章小结

本章主要介绍了 vSAN 的基本概念，介绍基于 vSAN 的服务器虚拟化：通过配置 4 台 ESXi 主机，将每台主机的两个 SSD 硬盘和 6 个 SAS 硬盘组成磁盘组，再为 vSAN 分配许可证，配置 vSphere HA 和 vSphere DRS 高级功能，最终在企业云桌面的云桌面群集 Cluster-vSAN01 上面创建和安装虚拟机，为后续搭建企业云桌面的模板机做好了准备。

第6章
部署桌面虚拟化之 Citrix XenDesktop

在第 3 章实现了 iSCSI 存储；在第 4 章实现了企业云桌面的管理群集；在第 5 章实现了企业云桌面的桌面群集。接下来将讲解企业云桌面的实现技术之一桌面虚拟化。

关于桌面虚拟化的概念，通俗的解释就是将一台计算机虚拟化成一个虚拟机，迁移到服务器虚拟化主机之上，最终用户通过浏览器、移动客户端、瘦客户端等各种方式接入这台虚拟机，可以随时随地办公、娱乐、游戏。

本章将详细讲解如何安装、配置、测试企业使用最多的桌面虚拟化软件 Citrix XenDesktop（软件版本为 7.11），来实现桌面虚拟化。

本章的内容源自真实案例——某银行安全准入系统中，24 台 HP LeftHand P4500G2 存储服务器提供给 4 个群集（共 20 台主机），其中 1 个为企业云桌面管理群集（两台主机），3 个桌面群集，每个桌面群集 6 台主机，总共部署了 750 个虚拟云桌面，该项目就是基于 Citrix XenDesktop 来实现的桌面虚拟化。基于本书的实验环境，本章中规划了 1 台数据库服务器、1 台许可证服务器、1 台 StoreFront 服务器、1 台 DDC（Citrix Desktop Delivery Controller）服务器来实现桌面虚拟化。在真实的企业环境中，可以在此基础之上增加虚拟服务器，再做相应配置。

本章要点：
- 桌面虚拟化介绍。
- 为企业云桌面准备基础环境。
- 为企业云桌面部署各应用服务器。
- 发布、测试企业云桌面。

6.1 桌面虚拟化介绍

桌面虚拟化是指将计算机的终端系统（也就是桌面）进行虚拟化，以达到桌面使用的安全性和灵活性。用户可以通过任何设备，在任何地点，任何时间通过网络访问属于其个人的桌面系统。

本书中所讲的企业云桌面的桌面虚拟化使用 Citrix XenDesktop 7.11 来实现，这是目前企业使用最多的桌面虚拟化软件，使用其次的是 Vmware Horizon View 7.1，不管是哪家产品最终实现的功能是相似的。

Citrix 桌面虚拟化软件 Citrix Xendesktop 7.11 包括如下组件：

（1）Citrix Receiver

一款安装在用户设备上的软件客户端，通过 TCP 端口 80 或 TCP 端口 443 提供与虚拟机的连接，并使用 StoreFront Service API 与 StoreFront 通信。

（2）Citrix StoreFront

用于对用户进行身份验证、管理应用程序和桌面并托管应用程序存储的接口。StoreFront 使用 XML 与 Delivery Controller 通信。

（3）Delivery Controller

XenDesktop 站点的中央管理组件，由用于管理资源、应用程序和桌面的服务组成，负责优化和平衡用户连接的负载。

（4）Virtual Delivery Agent (VDA)

安装在运行 Windows 服务器操作系统或 Windows 桌面操作系统的计算机上的代理，允许这些计算机及其所托管的资源供用户使用。在运行 Windows 服务器操作系统的计算机上安装的 VDA 允许此计算机托管多个用户的多个连接，并通过多个端口连接到用户。

（5）Broker Service

一种 Delivery Controller 服务，用于跟踪登录的用户和登录位置、用户拥有的会话资源以及用户是否需要重新连接到现有应用程序。Broker Service 执行 PowerShell 并通过 TCP 端口 80 与 Broker Agent 通信。它不可以使用 TCP 端口 443 通信。

（6）Broker Agent

托管多个插件并收集实时数据的代理。Broker Agent 位于 VDA 上并通过 TCP 端口 80 连接到 Controller。它不可以使用 TCP 端口 443 通信。

（7）Monitor Service

一种 Delivery Controller 组件，用于收集历史数据并在默认情况下将其存放在站点数据库中。监视服务通过 TCP 端口 80 或 TCP 端口 443 通信。

（8）ICA 文件/堆栈

捆绑的用户信息，在连接到 VDA 时需要此信息。

（9）站点数据库

Microsoft SQL Server 数据库，用于存储 Delivery Controller 的数据，如站点策略、计算机目录和交付组。

（10）NetScaler Gateway

数据访问解决方案，通过用户账号和密码在 LAN 防火墙内外提供安全访问。

（11）Citrix Director

基于 Web 的工具，允许管理员和技术支持人员访问 Broker Agent 的实时数据、站点数据库中的历史数据和 NetScaler 中的 HDX 数据，以进行故障排除和提供支持。Director 通过 TCP 端口 80 或 TCP 端口 443 与 Controller 通信。

（12）Citrix Studio

管理控制台，允许管理员配置和管理站点，授予对 Broker Agent 中的实时数据的访问权限。Studio 通过 TCP 端口 80 与 Controller 通信。

（13）Xendesktop 站点

Xendesktop 站点是为 XenApp 或 XenDesktop 部署提供的名称。它包含 Delivery Controller、其他核心组件、Virtual Delivery Agent (VDA)、主机连接、计算机目录和交付组。在安装核心组件之后创建首个计算机目录和交付组之前创建站点。

6.2　准备基础环境

在部署企业云桌面时，需要准备多个桌面虚拟化服务器、软件、OU、用户、组等，当这些准备好后才能部署 Xendesktop 7.11 和发布虚拟桌面。

6.2.1　准备桌面虚拟化服务器

在部署桌面虚拟化前，需要先准备数据库服务器（111-CTXdb01）、Citrix 许可证服务器（121-CTXLic01）、Citrix StoreFront 服务器（131-CTXSF01）、Delivery Controller 服务器（141-CTXDDC01）。生产环境中，这几台服务器运行在企业云桌面管理群集之中，本实验环境因为只有 1 台物理机，所以需要使用 VMware Workstaion 模拟的几台虚拟机来实现这几个服务器。

1）使用 VMware Workstation 12 Pro 来模拟生成 4 台桌面虚拟化服务器（111-CTXdb01、121-CTXLic01、131-CTXSF01、141-CTXDDC01），生产环境中 4 台服务器放在管理群集 Cluster-vSphere01 之上，具体安装步骤可参考："企业云桌面-10-准备虚拟机-111-CTXdb01-121-CTXLic01-131-CTXSF01-141-CTXDDC01，http://dynamic.blog.51cto.com/711418/1922215"。虚拟机准备完成后，如图 6-2-1-1 所示。桌面虚拟化文件夹下可见桌面虚拟化所需的各个服务器。

2）另外 1 台应用程序虚拟化服务器存放在 vSAN 6.5 群集 Cluster-vSAN01 上，具体安装步骤参考"企业云桌面-11-准备虚拟机-151-CTXXA01，http://dynamic.blog.51cto.com/711418/1922223"。虚拟机安装完成后，如图 6-2-1-2 所示。

3）将以上 5 台服务器分别设置计算机名、IP、网关、主 DNS 服务器、备用 DNS 服务器、加域、关闭防火墙、关闭 IE 增强的安全设置、硬盘分区、格式化、分配盘符，开通远程桌面、安装.NET 3.5.1。

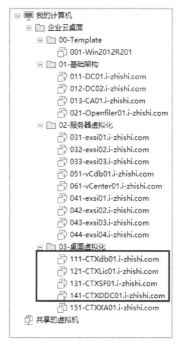 

图 6-2-1-1　准备 4 台桌面虚拟化服务器　　图 6-2-1-2　准备 1 台应用程序虚拟化服务器

6.2.2　准备软件

在桌面虚拟化环境中，安装配置过程需要涉及很多软件，具体软件如下。

● 数据库软件-Sql Server。

安装文件（ISO）为：cn_sql_server_2012_enterprise_edition_with_sp1_x64_dvd_1234495.iso。

● 桌面虚拟化软件-XenDesktop。

安装文件（ISO）为：XenApp_and_XenDesktop_7_11.iso。

● 模板机操作系统-Windows 7。

安装文件（ISO）为：cn_windows_7_enterprise_with_sp1_x86_dvd_u_677716.iso。

● 应用软件-WinRAR

安装文件（ISO）为：WinRAR_3.71.exe。

6.2.3　准备组织单位（OU）、用户、组

在云桌面中组织单位、用户、组都非常重要，如果规划得不好，可能就管理得不好，具体情况要结合实际环境来做，组织单位（OU）、用户、组的规划如表 6-2-3-1 所示。

表 6-2-3-1 组织单位（OU）、用户、组规划

编号	AD 类别	名　　称	OU 所在位置	备　　注
1	**OU**（组织单元）	08-云桌面 01-Citrix 01-CTX-Infra 02-CTX-Users 03-CTX-XenDesktop 04-CTX-XenApp 02-VMware	Domain Root	01-Citrix 中存放 Citrix 桌面虚拟化相关的资源，02-VMware 存放 VMware 桌面虚拟化所需的资源。01-CTX-Infra 用于存放基础架构服务器，02-CTX-Users 用于存放用户信息，03-CTX-XenDesktop 用于存放桌面虚拟化的服务器，04-CTX-XenApp 用于存放应用程序虚拟化的服务器
2	用户	CTXAdmin	02-CTX-Users	
3	用户	CTXUser01 CTXUser02 CTXUser03 CTXUser04 CTXUser05	02-CTX-Users	测试用的账号
4	组	USB Allow USB Deny XenApp XenDesktop	02-CTX-Users	测试用的组

1）远程登录服务器"011-DC01"，在"服务器管理器"中选择"Active Directory 用户和计算机"，如何新建 OU、用户、组，可参考"企业云桌面-13-为企业新建组织单位，http://dynamic.blog.51cto.com/711418/1922230"，如图 6-2-3-1 所示。

2）选择"02-CTX-Users"，可见新建的用户和组，如图 6-2-3-2 所示。

图 6-2-3-1 新建 OU、用户、组

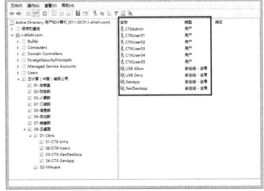

图 6-2-3-2 选择 02-CTX-Users

3）接下来将用户 CTXAdmin 加入到 Account Operators 组中，使其拥有账号管理权限。选择"CTXAdmin"，右击鼠标后再选择"属性"，打开如图 6-2-3-3 所示"CTXAdmin 属性"对话框。

4）单击"隶属于"选项卡，如图 6-2-3-4 所示。

图 6-2-3-3　"CTXAdmin 属性"对话框

图 6-2-3-4　"隶属于"选项卡

5）单击"添加"按钮，添加"Account Operators"，如图 6-2-3-5 所示。

6）单击"确定"按钮，可见 CTXAdmin 已添加到 Account Operators 组中，如图 6-2-3-6 所示。在"CTXAdmin 属性"对话框中单击"确定"按钮完成添加。

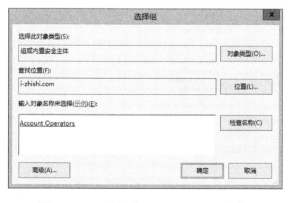

图 6-2-3-5　添加"Account Operators"组

图 6-2-3-6　完成添加组

167

6.2.4 为 OU 委派控制

默认的用户 CTXAdmin 未加入域管理员组，针对 OU 没有控制权限，没法控制 OU 下面的计算机或者用户，如果要有权限，需要利用 OU 的委派控制功能来实现。接下来执行为 OU 委派控制的操作。

1）选择"Active Directory 用户和计算机"中"i-zhishi.com"→"云计算（中国）有限公司"→"08-云桌面"这个 OU，如图 6-2-4-1 所示。

2）选择"08-云桌面"，右击鼠标，再选择"委派控制"命令，打开"控制委派向导"对话框，如图 6-2-4-2 所示，单击"下一步"按钮。

图 6-2-4-1　数据库服务器的基本信息　　　　图 6-2-4-2　"控制委派向导"对话框

3）选择"添加"用户"CTXAdmin"，如图 6-2-4-3 所示，单击"下一步"按钮。

4）选择"委派下列常见任务"选项，并选择所有任务，如图 6-2-4-4 所示，单击"下一步"按钮。注意：生产环境中请按实际所需权限选择，不一定要选择所有任务。

图 6-2-4-3　选择用户 CTXAdmin　　　　　图 6-2-4-4　选择任务

5）单击"完成"按钮，委派控制权限完成，如图 6-2-4-5 所示。

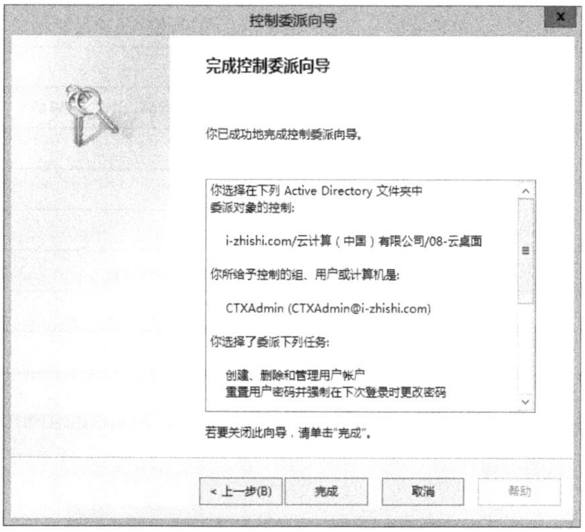

图 6-2-4-5　委派控制完成

6.3　部署桌面虚拟化服务器

在本节中将部署实现桌面虚拟化的相关服务器，主要包括如下几部分：
- 配置数据库服务器。
- 配置 Citrix 许可证服务器，申请和导入许可证。
- 部署 Citrix StoreFront 服务器。
- 部署 Citrix Delivery Controller、Citrix Studio、Citrix Director 服务器。
- 站点配置。
- 配置 Citrix StoreFront 服务器。

6.3.1　配置数据库服务器

XenDesktop 站点使用三个 SQL Server 数据库：
- 站点数据库。（也称为站点配置）存储正在运行的站点配置，以及当前会话状态和连接信息。
- 配置日志记录数据库（也称为日志记录）。存储有关站点配置更改和管理活动的信息。启用配置日志记录功能（默认情况下启用）时将使用此数据库。
- 监视数据库。存储的数据主要是会话和连接信息。

本书中的数据库采用 Sql Server 2012 With SP1，请参考"企业云桌面-12-安装数据库服务器-111-CTXdb01，http://dynamic.blog.51cto.com/711418/1922228"进行相应的安装配置。

1）数据库服务器的基本信息，如表 6-3-1-1 所示。

表 6-3-1-1　数据库服务器的基本信息

编号	项目	值
1	角色	数据库服务器
2	软件	cn_sql_server_2012_enterprise_edition_with_sp1_x64_dvd_1234495
3	计算机名	111-CTXdb01.i-zhishi.com
4	IP	10.1.1.111
5	操作系统	Windows Server 2012 R2
6	CPU	inter(R) Xeon(R) CPU E5-2609 v3 @1.90GHz (2 CPUs)
7	内存	4GB
8	硬盘	500GB

2）安装完 SQL Server 数据库后，选择"SQL Server Management Studio"图标打开数据库服务器，如图 6-3-1-1 所示。

图 6-3-1-1　选择 SQL Server Management Studio

3）在"连接到服务器"对话框中的服务器名称中输入服务器名称"051-vCdb01\db_CTX"，如图 6-3-1-2 所示；单击"连接"按钮，进入 SQL Server Management Studio 的主界面，数据库服务器配置完成，如图 6-3-1-3 所示。

图 6-3-1-2　输入服务器名称

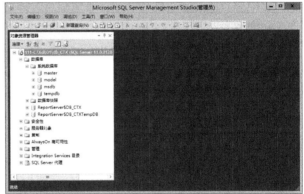

图 6-3-1-3　数据库服务器配置完成

6.3.2　配置 Citrix 许可证服务器

许可证服务器用于管理产品许可证，它与 Controller 通信以管理每个用户会话的许可证，与 Studio 通信以分配许可证文件。必须至少创建一个许可证服务器来存储和管理许可证文件。

　　许可证服务器在 Citrix 各产品中非常关键，在桌面虚拟化服务器（以及应用程序虚拟化服务器）中，由许可证服务器为其统一分配许可证，不需要单独为某一台服务器去申请、审批、导入许可证。以下为配置 Citrix 许可证服务器的步骤。

　　1）远程登录"121-CTXLic01"，查看许可证服务器的计算机名和 IP 地址，目的为了安装配置 Citrix 许可证服务器，如图 6-3-2-1 所示。

　　2）为服务器挂载的 ISO 为 XenApp_and_XenDesktop_7_11.iso，如图 6-3-2-2 所示。

图 6-3-2-1　许可证服务器的机器名称及 IP 地址

图 6-3-2-2　挂载 ISO

　　3）在上图中选择 DVD 驱动器，右击鼠标，再选择"从媒体安装或运行程序"，在弹出窗口中选择"XenDesktop 交付应用程序和桌面"，再单击"启动"按钮，如图 6-3-2-3 所示。

　　4）选择"扩展部署"选项中的"Citrix 许可证服务器"选项，如图 6-3-2-4 所示。

图 6-3-2-3　安装 XenDesktop 交付应用程序和桌面

图 6-3-2-4　选择安装 Citrix 许可证服务器

　　5）在软件许可协议页面中选择"我已阅读，理解并接受许可协议的条款"，如图 6-3-2-5 所示，单击"下一步"按钮。

　　6）在"核心组件"对话框中，可更改 Citrix 许可证服务器的安装位置，如图 6-3-2-6 所示，单击"下一步"按钮。

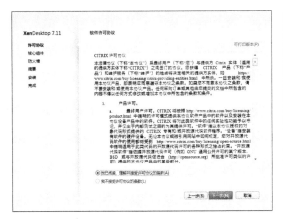

图 6-3-2-5　选择接受软件许可协议

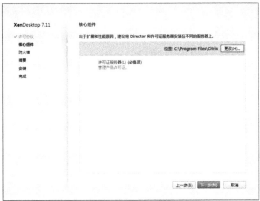

图 6-3-2-6　设定许可证服务器安装位置

7）在"防火墙"对话框中，将"配置防火墙规则"选项设为自动，在此可以看到许可证服务器的防火墙在使用哪些端口通信，如图 6-3-2-7 所示，单击"下一步"按钮。

8）在"摘要"对话框中，可见前面完成的各项设置，如图 6-3-2-8 所示，单击"安装"按钮。

图 6-3-2-7　配置防火墙规则为自动

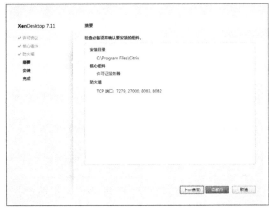

图 6-3-2-8　安装各项设置的摘要

9）"完成安装"对话框如图 6-3-2-9 所示。单击"完成"按钮，返回到 XenApp_and_XenDesktop 安装界面，如图 6-3-2-10 所示，可见 Ctrix 许可证服务器已安装。

10）为了验证安装是否成功，选择〈Windows〉键，再选择"Citrix 许可证管理控制台"图标，如图 6-3-2-11 所示。

11）在弹出窗口中选择"继续浏览此网站（不推荐）"后，打开"Citrix 许可证管理控制台"对话框，如图 6-3-2-12 所示。

图 6-3-2-9　安装完成

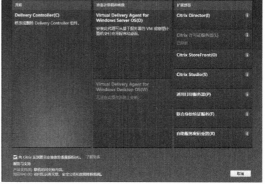

图 6-3-2-10　显示已安装 Citrix 许可证服务器

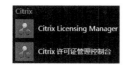

图 6-3-2-11　选择 Citrix
许可证管理控制台

图 6-3-2-12　打开"Citrix 许可证管理控制台"

12）在 Citrix 许可证管理控制台中单击"管理"按钮，输入用户名和密码，如图 6-3-2-13 所示；单击"提交"按钮，打开"系统信息"对话框，如图 6-3-2-14 所示。

图 6-3-2-13　输入用户名和密码

图 6-3-2-14　系统信息

13）单击"控制面板"按钮，在"并发许可证"对话框中，可见无许可证可用（这里面的许可证是默认自带的试用许可证，不建议使用），如图 6-3-2-15 所示。接下来申请和导入许可证。

图 6-3-2-15　选择控制面板

6.3.3　申请和导入 XenDesktop 和 XenApp 许可证

对于 Citrix 许可证的申请和导入，读者可能有这样的问题：许可证服务器是单独部署还是和其他服务器一起？比如 Xendesktop、XenApp、PVS 等服务器的许可证是都要一起申请，还是一个一个申请？

在生产环境中，建议将许可证服务器单独分开部署，为 Xendesktop、XenApp、PVS 三种服务器只需要申请一个证书即可，这三种服务器连接到许可证书服务器进行认证，但是很多初学者的做法是为每种服务器申请一个许可证，这做法是不对的。

以下是申请和导入 XenDesktop 和 XenApp 许可证的具体步骤。

1）登录 CITRIX 官网（在https://www.citrix.com.cn/welcome.html中输入账号和密码后登录，如果没有账号和密码，请先自行注册），如图 6-3-3-1 所示。

图 6-3-3-1　登录 CITRIX 官网

2）单击"产品"，选择"XenApp 和 XenDesktop"，打开 XenApp 和 XenDesktop 页面，在"后续步骤"中单击"立即试用"按钮，如图 6-3-3-2 所示。

174

图 6-3-3-2　XenApp 和 XenDesktop 产品页面

3）单击"试用 XenDesktop"中的"立即下载"按钮，如图 6-3-3-3 所示。

图 6-3-3-3　选择立即下载

4）在"Try XenDesktop for free"页面中，单击"Send my license now"按钮，如图 6-3-3-4 所示。

5）在 Citrix XenDesktop free trail 页面中，显示了申请到的试用许可证，同时也发送邮件给申请人，如图 6-3-3-5 所示。

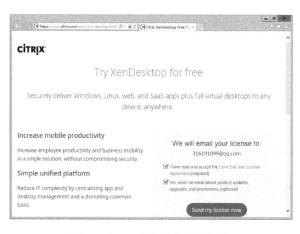

图 6-3-3-4　获取软件试用许可

图 6-3-3-5　查看申请到的许可码

6）选择"Step 1"，可下载 ISO 文件，如图 6-3-3-6 所示。

7）选择"Step 2"，可激活已有的许可证，如图 6-3-3-7 所示。

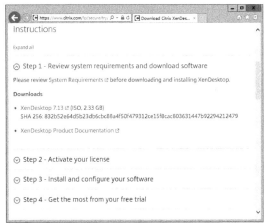
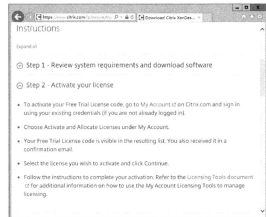

图 6-3-3-6　选择 Step 1，可下载 ISO 文件　　　　图 6-3-3-7　选择 Step2，激活已有许可证

8）选择上图中"My Account"，在弹出窗口中选择"All Licensing Tools"选项，如图 6-3-3-8 所示；再选择"Activate and Allocate Licenses"，如图 6-3-3-9 所示。

图 6-3-3-8　选择 All Licensing Tools

图 6-3-3-9　选择 Activate and Allocate Licenses

9）选择复制"Code"中的许可证码"CTX34-H69CC-F6VXY-M3GY6-V9QTK"，然后选择"Single Allocation"，输入许可证码，如图 6-3-3-10 所示，再单击"Continue"按钮。

图 6-3-3-10　选择 Single Allocation

10）选择"Citrix XenDesktop Platinum Edition"，如图 6-3-3-11 所示，单击"Continue"按钮。

图 6-3-3-11　选择 Citrix XenDsktop Platinum Edition

11）在"Host ID"中输入许可证服务器的计算机名，如图 6-3-3-12 所示；单击"Continue"按钮，在"Confirm"页面中单击"Confirm"按钮，确认下载，如图 6-3-3-13 所示。XenServer、XenDesktop、XenApp 的许可证都需要用这台许可证服务器的计算机名（121-CTXLic01），而不是按照每个服务器的计算机名去申请一个许可证。

图 6-3-3-12　输入许可证服务器的计算机名

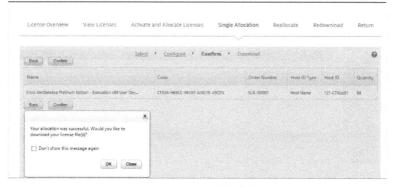

图 6-3-3-13　下载许可证文件

177

12）如果在上一步中没有成功保存许可证文件，可以选择"Redownload"选项卡，再次下载，如图 6-3-3-14 所示。

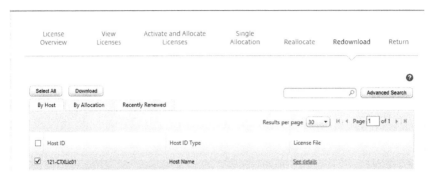

图 6-3-3-14　再次下载许可证文件

13）接下来将下载的许可证文件导入到许可证服务器中。选择下载的许可证文件，如图 6-3-3-15 所示。

图 6-3-3-15　选择许可证文件

14）在图 6-3-2-12 所示的 Citrix 许可证管理控制台中，单击"管理"按钮，再选择"供应商守护程序配置"，如图 6-3-3-16 所示。

图 6-3-3-16　选择供应商守护进程配置

15）单击"导入许可证"按钮，选择许可证所在位置，再选择许可证文件，单击"保存"按钮，如图 6-3-3-17 所示。

图 6-3-3-17　选择许可证文件

16）单击"导入许可证"按钮，导入信息如图 6-3-3-18 所示；再单击"确定"按钮，完成导入许可证，如图 6-3-3-19 所示。

图 6-3-3-18　确定导入许可证

图 6-3-3-19　导入许可证完成

17）在 Citrix 许可证管理控制台中，单击"管理"按钮，如图 6-3-3-20 所示，再选择"供应商守护进程配置"，单击"重读许可证文件"按钮，如图 6-3-3-21 所示。

图 6-3-3-20　选择重读许可证文件

图 6-3-3-21　已成功重读许可证文件

18）在 Citrix 许可证管理控制台中，单击"控制板"按钮，可见许可证已导入完成，如图 6-3-3-22 所示，其中部分许可证将在后面章节中使用。

图 6-3-3-22　许可证已导入完成

6.3.4　部署 Citrix StoreFront 服务器

Citrix StoreFront 服务器可对访问托管资源站点的用户进行身份验证，并可管理用户访问的桌面和应用程序(Office\WinRAR)的存储；可用于管理企业应用商店，使用户可以自助访问为其提供的桌面和应用程序；它还跟踪用户的应用程序订阅、快捷方式名称和其他数据，以确保在多个设备之间向用户提供一致的体验。接下来进行 Citrix StoreFront 服务器的部署。

1）查看并确认准确部署 Citrix StoreFront 服务器的主机，计算机名和 IP 地址，如图 6-3-4-1 所示，在计算机名为 131-CTXSF01 的主机上部署。

2）为主机挂载 ISO 为 XenApp_and_XenDesktop_ 7_11.iso，如图 6-3-4-2 所示。

图 6-3-4-1　查看服务器主机的计算机 　　　　　　图 6-3-4-2　挂载 ISO
　　　　　名称和 IP 地址

3）选择图 6-3-4-2 中的 DVD 驱动器，右击鼠标，在弹出的下拉菜单中选择"从媒体安装或运行程序"，在弹出的对话框中单击"XenDesktop 交付应用程序和桌面"中的"启动"按钮，如图 6-3-4-3 所示。

4）在"XenDesktop 7.11"的对话框中选择"扩展部署"，再选择"Citrix StoreFront"，如图 6-3-4-4 所示，目的是为了安装 Citrix StoreFront。

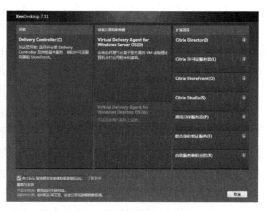

图 6-3-4-3　选择启动　　　　　　图 6-3-4-4　选择安装 Citrix StoreFront

5）接下来的安装过程比较简单，注意在设置防火墙选项时选择"配置防火墙规则"为

"自动"，"CallHome"选项中选择"我不想参与 CallHome"。Citrix StoreFront 安装完成后的管理控制台如图 6-3-4-5 所示。

图 6-3-4-5　Citrix StoreFront 管理控制台

6.3.5　部署 Citrix Delivery Controller、Citrix Studio、Citrix Director 服务器

本节将介绍 Citrix Delivery Controller、Citrix Studio、Citrix Director 服务器的部署。在此之前简要介绍一下这三个组件的概念。

Citrix Delivery Controller 是任何一个 XenApp 或 XenDesktop 站点都要有的管理组件。每个站点有一个或多个 Delivery Controller，至少安装在数据中心内的一个服务器上（为实现站点可靠性和可用性，应将 Delivery Controller 安装在多个服务器上）。如果部署过程中包含在虚拟机管理程序或云服务上托管的虚拟机，Delivery Controller 将与虚拟机管理程序进行通信，以分发应用程序和桌面、对用户进行身份验证并管理用户访问、代理用户与其虚拟桌面和应用程序之间的连接、优化使用连接并对这些连接进行负载平衡。各个服务的数据存储在站点数据库中。Delivery Controller 管理桌面的状态，并根据需要和管理配置启动/停止桌面。在某些版本中，Delivery Controller 允许用户安装 Profile Management 以在虚拟机或物理机的 Windows 环境中管理用户的个性化设置。

Citrix Studio 是用于配置和管理 XenDesktop 部署的管理控制台，使用此控制台则不需要为管理应用程序和桌面的交付配置单独的管理控制台。Citrix 提供多种向导来引导用户完成设置环境、创建用于托管应用程序和桌面的工作负载等工作，并将应用程序和桌面分配给用户。用户还可以使用 Citrix Studio 为站点分配和跟踪 Citrix 许可证。

Citrix Director 是一款基于 Web 的工具，IT 支持团队和技术支持团队可以利用该工具监控环境和进行故障排除，以避免这些问题影响系统。此外，Citrix Director 还可以为最终用户执行支持任务。可以使用一个 Citrix Director 连接和监视多个 XenApp 或

XenDesktop 站点。

接下来介绍 Citrix Delivery Controller、Citrix Studio、Citrix Director 服务器的部署步骤。

1）用于部署 Citrix Delivery Controller、Citrix Studio、Citrix Director 的服务器主机的计算机名称和 IP 地址，如图 6-3-5-1 所示，目的是在这台服务器上面部署 Citrix Delivery Controller、Citrix Studio、Citrix Director 服务器。

2）为该服务器挂载 ISO 为 XenApp_and_XenDesktop_7_11.iso，如图 6-3-5-2 所示。

图 6-3-5-1　服务器主机的计算机
名称及 IP 地址

图 6-3-5-2　挂载 ISO

3）选择上图的"XA and XD"，右击鼠标，在弹出的菜单中选择"从媒体安装或运行程序"，在 Citrix 安装界面中选择"XenDesktop 交付应用程序和桌面"，再单击"启动"按钮，如图 6-3-5-3 所示。

4）在"XenDesktop 7.11"安装界面中，选择"扩展部署"，再选择"Citrix Studio"，如图 6-3-5-4 所示。

图 6-3-5-3　Citrix 安装界面

图 6-3-5-4　Citrix Studio

5）在"软件许可协议"对话框中，选择"我已阅读，理解并接受许可协议的条款"，如图 6-3-5-5 所示，单击"下一步"按钮。

6）在"核心组件"对话框中，不要选择"许可证服务器"和"StoreFront"，因为前面已经单独安装过，如图 6-3-5-6 所示，单击"下一步"按钮。

图 6-3-5-5 "软件许可协议"对话框

图 6-3-5-6 选择核心组件

7）在"功能"对话框中，选择"安装 Windows 远程协助"，因为要单独使用数据库服务器存储数据，如图 6-3-5-7 所示，单击"下一步"按钮。

8）在"防火墙"对话框中，保持默认设置不变，如图 6-3-6-8 所示，单击"下一步"按钮。

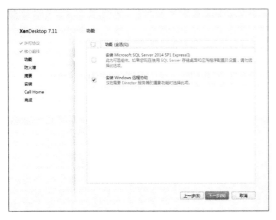

图 6-3-5-7 选择功能

图 6-3-5-8 设置防火墙

9）在"摘要"对话框中，可见前面的各项设置信息，如果有不正确可返回修改，如图 6-3-5-9 所示，单击"安装"按钮。

10）在"Call Home"对话框中，选择"我不想参与 Call Home"，如图 6-3-5-10 所示；单击"下一步"按钮，在"完成安装"对话框中，可见各组件已安装完成，如图 6-3-5-11 所示。

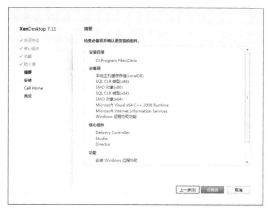

图 6-3-5-9　"摘要"对话框

图 6-3-5-10　安装完成

11）在单击"完成"按钮，可见已安装好 Citrix Studio，Citrix Studio 管理控制台界面如图 6-3-5-12 所示。

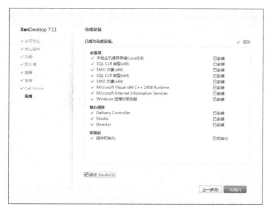

图 6-3-5-11　显示已安装 Citrix Studio

图 6-3-5-12　Citrix Studio 管理控制台

6.3.6　站点设置

站点是为了管理所有桌面虚拟化的设置而定义的一个逻辑概念，在此处定义的站点名称是为 XenApp 或 XenDesktop 部署提供的名称。它包含 Delivery Controller、其他核心组件、Virtual Delivery Agents(VDA)、主机连接（如果使用）以及创建和管理的计算机目录和交付组。在安装核心组件之后，在创建首个计算机目录和交付组之前创建站点。接下来介绍站点设置的具体步骤。

1）在 Citrix Studio 主界面中（如图 6-3-5-12 所示），选择"站点设置"中的"向用户交付应用程序和桌面"按钮，在"简介"对话框中，选择"完整配置的、可随时在生产环境中使用的站点"，输入站点名称为"01-China-Shanghai"，如图 6-3-6-1 所示，单击"下一步"按钮。注意：站点名称一般以城市或者区域定义，站点名称可以为中文，但不推荐。

2）在"数据库"对话框中，主要设置站点、监视、日志记录的数据库及其位置，如图 6-3-6-2 所示，单击"下一步"按钮。注意：主要是在"位置"文本框中写入数据库服务器\实例名的形式。

图 6-3-6-1　设置站点名称　　　　　　　　图 6-3-6-2　数据库选项设置

3）在"许可"对话框中，输入许可证服务器地址"121-CTXLic01.i-zhishi.com"，如图 6-3-6-3 所示；单击"连接"按钮，在弹出的"证书身份验证"对话框中选择"连接"并单击"确认"按钮，如图 6-3-6-4 所示；在"许可"对话框中选择"使用现有许可证"，在产品列表中注意选择"Citrix XenDesktop Platinum"，这是拥有 Xendesktop 最多功能的版本，单击"下一步"按钮。注意：在这一步中就利用了之前部署的 Citrix 许可证服务器，以及申请的试用许可证。

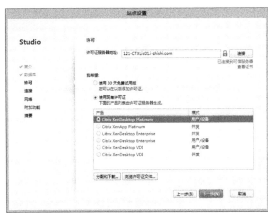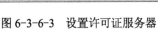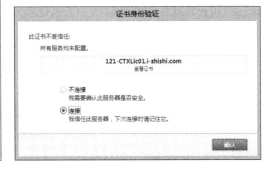

图 6-3-6-3　设置许可证服务器　　　　　　　图 6-3-6-4　选择连接

4）在"连接"对话框中，可以连接到各厂家的服务器虚拟化平台，比如：Citrix XenServer，VMware vSphere，Microsoft Hyper-V 等，这些通过桌面虚拟化批量创建的虚拟机，就可以存放到各家的服务器虚拟化平台之上。在连接类型中选择"VMware vSphere@"，在连接地址选项中输入"https://061-vCenter01.i-zhishi.com/sdk"，在用户名和密码中输入管理员用户名和管理员密码，在连接名称中输入"Connection-VMware-vSphere65"。注意：名称一定要有意义，本例中可看出是要连接到 VMware 的服务器虚拟化平台中，如图 6-3-6-5 所示。如果报证书错误，请参考"企业云桌面-14-将 vCenter 6.5 证书导入-受信任人-企业，http://dynamic.blog.51cto.com/711418/1922234"。设置完成后，单击"下一步"按钮继续。

5）在"管理存储"对话框中，在"选择群集"处选择"浏览"，选择"数据中心-01-中国"中的群集"Cluster-vSAN01"，目的是为了将所有云桌面的虚拟机放到这个 vSAN 群集之中，如图 6-3-6-6 所示，单击"下一步"按钮继续。

图 6-3-6-5　设置连接选项

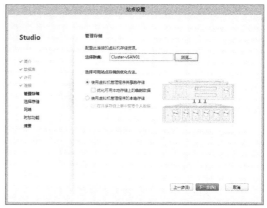

图 6-3-6-6　设置管理存储选项

6）在"选择存储"对话框中，选择"操作系统""个人虚拟磁盘""临时"这三个选项，如图 6-3-6-7 所示，单击"下一步"按钮继续。

7）在"网络"对话框中，输入连接资源名称为"1-VM Network"，注意，此名字最好与服务器虚拟化平台中虚拟机的交换机名字一样以方便识别，如图 6-3-6-8 所示，单击"下一步"按钮继续。

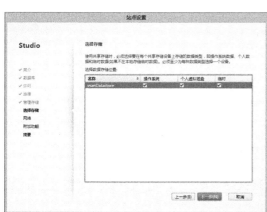

图 6-3-6-7　设置选择存储选项

图 6-3-6-8　设置网络选项

8）在"附加功能"对话框中，保持默认设置不变，如图 6-3-6-9 所示，单击"下一步"按钮继续。

9）在"摘要"对话框中，可见前面的设置，请检查各项设置，如果有问题返回修改后再继续接下来的步骤，如图 6-3-6-10 所示，单击"完成"按钮，站点设置完成，Citrix Studio 控制台如图 6-3-6-11 所示。

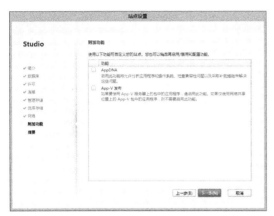

图 6-3-6-9　设置附加功能选项

图 6-3-6-10　"摘要"对话框

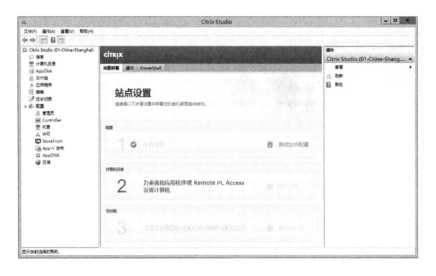

图 6-3-6-11　站点设置完成

10）为了测试站点是否配置正常，选择"测试站点配置"，测试成功，如图 6-3-6-12 所示。

11）连接数据库服务器，可见配置站点时所生成的数据库，如图 6-3-6-13 所示。

图 6-3-6-12　测试成功

图 6-3-6-13　数据库创建成功

6.3.7　配置 Citrix StoreFront 服务器

为了能使用 Citrix StoreFront 服务器，需要对其进行基本配置，在本节中将讲解 Citrix StoreFront 的基本配置。根据 6.3.4 的内容可知，要配置的 Citrix StoreFront 服务器位于名为 131-CTXSF01 的主机上。具体配置步骤如下：

1）查看"131-CTXSF01"主机的计算机名和 IP 地址，如图 6-3-7-1 所示，目的为了确定在此服务器中配置 Citrix StoreFront。

2）按〈Windows〉键，单击"Citrix StoreFront"，打开 Citrix StoreFront 的管理界面，如图 6-3-7-2 所示。

图 6-3-7-1　计算机名和 IP 地址

图 6-3-7-2　选择 Citrix StoreFront

189

3）在 Citrix StoreFront 管理界面中选择"创建新部署",打开"创建新部署"对话框,在"基本 URL"对话框中,输入网址"http://131-CTXSF01.i-zhishi.com/",如图 6-3-7-3 所示;单击"下一步"按钮,打开"创建应用商店"对话框,注意:此处填写的是 Citrix StoreFront 主机的计算机名。

4）在"快速入门"对话框中,可见最终用户是如何访问应用商店的,如图 6-3-7-4 所示,单击"下一步"按钮继续。

图 6-3-7-3　输入基本 URL

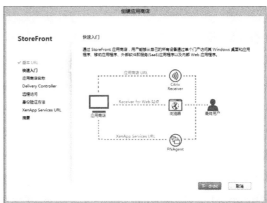

图 6-3-7-4　快速入门

5）在"应用商店名称"对话框中,输入应用商店名称为"i-zhishi-AppStore",注意:选择"将此 Receiver for Web 站点设置为 IIS 默认值"选项,如图 6-3-7-5 所示,单击"下一步"按钮继续。

6）在"Delivery Controller"对话框中,保持默认设置不变,如图 6-3-7-6 所示,单击"添加"按钮。

图 6-3-7-5　设置应用商店名称

图 6-3-7-6　设置 Delivery Controller

7）在弹出的"添加 Delivery Controller"对话框中,显示名称设为"Delivery Controller",在"服务器中"单击"添加"按钮,选择相应的服务器 141-CTXDDCO1.i-zhi shi.com，如图 6-3-7-7 所示；添加 Delivery Controller 服务器之后，"Delivery Controller"对话框如图 6-3-7-8 所示，单击"下一步"按钮继续。

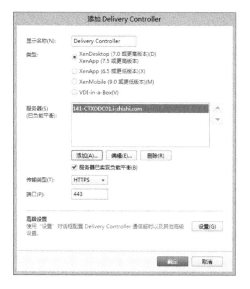

图 6-3-7-7 添加 Delivery Controller　　　　图 6-3-7-8 添加完成 Delivery Controller 服务器

8）在"远程访问"对话框中，保持默认设置，如图 6-3-7-9 所示，单击"下一步"按钮继续。

9）在"身份验证方法"对话框中，配置身份验证方法，如图 6-3-7-10 所示，单击"下一步"按钮继续。

图 6-3-7-9 "远程访问"对话框　　　　图 6-3-7-10 配置身份验证方法

10）在"XenApp Services URL"对话框中，保持默认设置不变，如图 6-3-7-11 所示，单击"下一步"按钮。注意：此处 URL 是用于后续云客户端自动登录的时候使用。

11）在"摘要"对话框中，可见前面的各项配置信息，如图 6-3-7-12 所示；单击"完成"按钮，完成应用商店的创建，如图 6-3-7-13 所示；在浏览器中输入网址http://131-

ctxsf01.i-zhishi.com/Citrix/i-zhishi-AppStore访问应用商店，站点登录页面如图 6-3-7-14
所示。

图 6-3-7-11　配置 XenApp Services URL

图 6-3-7-12　创建应用商店摘要页面

图 6-3-7-13　配置完成后的 Citrix StoreFront 主界面

图 6-3-7-14　站点登录页面

6.3.8　配置 Citrix Front 服务器使用 https 访问

默认站点为非加密的方式访问，为了能使用 https 方式访问，需要为 Citrix StoreFront 服务器申请分配证书。接下来将为 Citrix StoreFront 申请 Web 服务器证书，将此证书应用到 Citrix StoreFront 的 IIS 站点上，并为 IIS 的 443 端口绑定此证书，从内网可以安全访问 Citrix StoreFront 站点，也为后续的与 NetScaler 集成做好准备。具体步骤如下：

1）选择"服务器管理器"，再选择"工具"下拉菜单中"Internet Information Services(IIS)管理器"，打开服务器管理主界面，选择名为"131-CTXSF01"的服务器，打开该服务器的管理主界面，如图 6-3-8-1 所示。

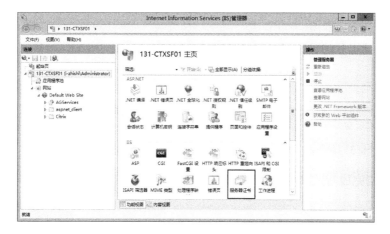

图 6-3-8-1　打开名为"131-CTXF01"的服务器管理主界面

2）单击"服务器证书"图标，打开"服务器证书"管理对话框如图 6-3-8-2 所示。

图 6-3-8-2　"服务器证书"管理对话框

3）在右侧操作栏中选择"创建域证书"，打开"创建域证书"对话框，输入证书信息如图 6-3-8-3 所示，单击"下一步"按钮继续。

193

4）在"联机证书颁发机构"对话框中，选择 i-zhishi-013-CA01\013-CA01.i-zhishi.com 为指定联机证书颁发机构，输入"好记名称"为"131-CTXSF01.i-zhishi.com"，如图 6-3-8-4 所示，单击"完成"按钮。

图 6-3-8-3　输入证书信息　　　　　　图 6-3-8-4　设置联机证书颁发机构

5）证书申请完成后，服务器证书管理对话框如图 6-3-8-5 所示。

图 6-3-8-5　域证书申请、分配完成

6）接下来要给站点绑定申请的服务器证书。选择"Default Web Site"，单击"绑定"，弹出"网站绑定"对话框，如图 6-3-8-6 所示。

7）单击"添加"按钮，在类型中选择"https"，在主机名输入"131-CTXSF01.i-zhishi.com"，选择证书为"131-CTXSF01.i-zhishi.com"，如图 6-3-8-7 所示；单击"确定"按钮，可以看到网站绑定证书已成功，如图 6-3-8-8 所示。

图 6-3-8-6　网站绑定对话框　　　　　　　图 6-3-8-7　设置网站绑定信息

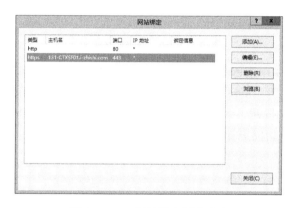

图 6-3-8-8　网站绑定证书成功

8）单击"关闭"按钮，可以看到 IIS 管理器中多了一个 https 的访问方式，如图 6-3-8-9 所示。

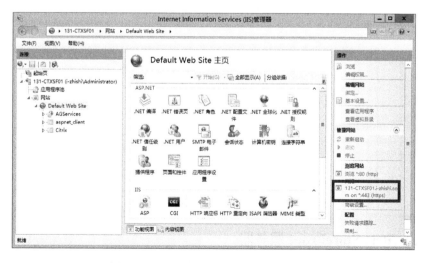

图 6-3-8-9　增加了一个 https 的访问方式

9）接下来为 Citrix StoreFront 配置 https 访问。在"131-CTXSF01"服务器上，选择"Citrix StoreFront"，打开 Citrix StoreFront 管理主界面，再选择"服务器组"，如图 6-3-8-10 所示。

图 6-3-8-10　选择服务器组

10）在右侧操作栏中单击服务器组中的"更改基本 URL"命令，在"更改基本 URL"对话框中输入基本 URL 为"https:// 131-CTXSF01.i-zhishi.com"，如图 6-3-8-11 所示。

11）单击"确定"按钮，可以看到服务器组已变成了使用 https 协议连接到 Citrix StoreFront 服务器，Web 访问更加安全，如图 6-3-8-12 所示。

图 6-3-8-11　输入基本 URL

图 6-3-8-12　修改基本 URL 成功

6.3.9　测试 Citrix StoreFront 服务器

接下来测试刚刚配置的 Citrix StoreFront 服务器是否可用，具体步骤如下：

- 安装 Citrix Receiver。
- 设置用户身份验证。
- 为 Citrix Delivery Controller 申请证书。

1．安装 Citrix Receiver

在通过 https 方式访问 Citrix StoreFront 的时候，需要先安装 Citrix Receiver。

1）访问"https://131-ctxsf01.i-zhishi.com/Citrix/i-zhishi-AppStoreWeb/"，打开站点登录页面，如图 6-3-9-1 所示；选择"我同意"选项，再单击"安装"按钮，弹出应用程序安装对话框，如图 6-3-9-2 所示。

图 6-3-9-1　通过 https 方式访问企业云桌面

图 6-3-9-2　选择安装

2）单击"运行"按钮，打开"Citrix Receiver"对话框，开始 Citrix Receiver 的安装，如图 6-3-9-3 所示；单击"开始"按钮，在"许可协议"对话框中，选中"我接受许可协议"，如图 6-3-9-4 所示，单击"下一步"按钮；在"启用单点登录"对话框中，保持默认设置不变，如图 6-3-9-5 所示，单击"安装"按钮；至此，Citrix Receiver 安装完成，如图 6-3-9-6 所示。

图 6-3-9-3　开始安装

图 6-3-9-4　"许可协议"对话框

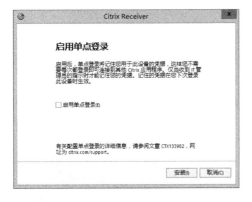

图 6-3-9-5　不选择启用单点登录

图 6-3-9-6　Citrix Receiver 安装完成

3）再次访问"https://131-ctxsf01.i-zhishi.com/Citrix/i-zhishi-AppStoreWeb/"，会提示输入用户名和密码，如图 6-3-9-7 所示。

图 6-3-9-7　可以正常访问站点

2. 设置用户身份验证

接下来设置用户身份验证，可以通过下述设置仅需输入用户名即可访问企业云桌面。

1）为了简化输入用户名，将"域\用户"简化为"用户"，具体步骤如下。选择"Citrix StoreFront"中"应用商店"，再选择"管理身份验证方法"，"管理身份验证方法"对话框如图 6-3-9-8 所示。

2）选择"用户名和密码"，再选择右边设置下拉框中的"配置可信任域"，选择"仅限可信任域"，在可信任域中单击"添加"按钮，输入域为"i-zhishi.com"，如图 6-3-9-9 所示，单击"确定"按钮，返回"管理身份验证方法"对话框，单击"确定"按钮完成用户名和密码的设置，如图 6-3-9-10 所示。

图 6-3-9-8　设置管理身份验证方法

图 6-3-9-9　配置可信任域

图 6-3-9-10　配置完成

3）访问"https://131-ctxsf01.i-zhishi.com/Citrix/i-zhishi-AppStoreWeb/"，输入用户名"CTXUser01"和密码"Aa123456"，单击"登录"按钮，登录成功，打开如图 6-3-9-11 所示 Citrix StoreFront 站点窗口。如图 6-3-9-11 所示。

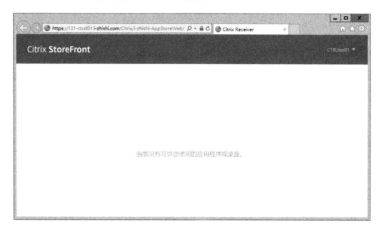

图 6-3-9-11　登录成功

3. 为 Citrix Delivery Controller 申请证书

此时访问 Citrix StoreFront 时，内容是空的，因为未给 Citrix Delivery Controller 申请和分配证书，以下为申请分配证书给 Citrix Delivery Controller 的具体步骤。

1）使用 6.3.8 小节中同样申请证书的方法，为 Citrix Delivery Controller 申请证书，在"创建证书""可分辨名称属性"对话框中输入指定证书的必需信息，如图 6-3-9-12 所示；在"联机证书颁发机构"中选择和输入相应的信息，如图 6-3-9-13 所示；申请完证书后，服务器证书管理页面如图 6-3-9-14 所示；绑定证书后，如图 6-3-9-15 所示；最终再次输入之前登录站点的网址，可见收藏夹和桌面图标，如图 6-3-9-16 所示。

图 6-3-9-12　指定证书的必需信息

图 6-3-9-13　选择证书颁发机构和填写易记名称

图 6-3-9-14　证书申请完成

2）最终再访问 Citrix StoreFront 站点时，可见已有收藏夹和桌面选项，如图 6-3-9-16 所示。

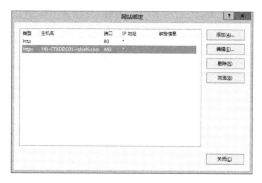

图 6-3-9-15　选择网站，绑定证书

图 6-3-9-16　再次访问 Citrix StoreFront 站点，
可见收藏夹和桌面选项

6.4　发布企业云桌面

在部署完了企业云桌面的管理服务器后，接下来将要发布企业云桌面。发布企业云桌面需要使用动态 IP 地址，所以最先要部署 DHCP 服务器提供 IP 地址分配。当然如果你要发布 1000 台桌面，甚至 10000 台桌面，应该如何操作呢？

云桌面的发布的常见方法有 3 种，第一种方法也是使用最多的方法，是利用一个模板机，通过 MCS（Citrix Machine Creation Services）的形式批量生成多台云桌面；第二种方法是利用目前正在使用的虚拟桌面，直接发布虚拟桌面出来以供使用；第三种方法是利用 Provisioning Services 7.11 利用一个母盘批量生成多台云桌面再发布出来。这里我们采用第一种方法，首先部署模板机，再通过 MCS 来发布虚拟桌面，最终提供给企业用户使用企业云桌面。主要的过程包括以下几个部分：

- 为企业云桌面部署 DHCP 服务器。
- 为企业云桌面准备模板机。
- 为模板机安装 VDA For Windows Desktop OS。
- 通过 MCS 创建计算机目录。

● 创建交付组。

6.4.1 为企业云桌面准备 DHCP 服务器

DHCP 服务器对于云桌面来说非常重要，所有云桌面的 IP 地址都是通过 DHCP 服务器来统一分配的，包括模板机也是一样。关于 DHCP 服务器的安装配置请参考"企业云桌面-15-部署 DHCP 服务器-011-DC01，http://dynamic.blog.51cto.com/ 711418/1922236"和"企业云桌面-16-配置 DHCP 服务器-011-DC01，http://dynamic.blog. 51cto.com/711418/1922239"的内容。接下来查看部署完 DHCP 服务器后的 IP 地址分配情况。

1）按〈Windows〉键，再选择"服务器管理器"，选择"管理工具"中"DHCP"选项，打开 DHCP 管理界面，选择"011-DC01.i-x-Cloud.com"-"IPv4"-"作用域 Cloud For DHCP"-"地址池"，可见设置 IP 地址分发范围起始 IP 地址为"10.1.1.200"，结束 IP 地址为"10.1.1.220"，如图 6-4-1-1 所示。

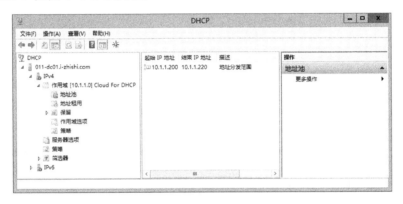

图 6-4-1-1　IP 地址池情况

2）再选择"地址租用"，可见目前还未分配任何 IP 地址，如图 6-4-1-2 所示。因为还没发布云桌面，没有用户租用任何一个 IP 地址。

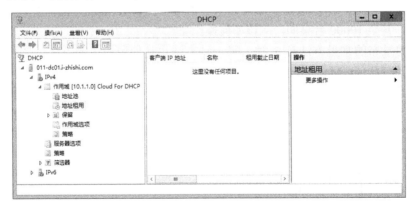

图 6-4-1-2　IP 地址租用情况

6.4.2 为企业云桌面准备模板机

模板机对于云桌面非常重要，所有云桌面都是通过模板机最终生成。在本实验环境中只使用一个模板机，在实际应用中可制备多个模板机，方法都一样。模板机的安装与配置步骤如下。

1）此处的模板机即为第 4 章和第 5 章安装配置好的两台模板机"001-Win701"和"002-Win702"，安装好后的两台模板机在 vCenter 中如图 6-4-2-1 所示。

图 6-4-2-1　创建好的模板机

2）将两台模板机加入域 i-zhishi-com，关闭域防火墙，通过 Windows 自动更新安装最新的更新。配置好后的两台模板机系统信息如图 6-4-2-2 和如图 6-4-2-3 所示。

图 6-4-2-2　将模板机"001-Win701"
加入域 i-zhishi-com

图 6-4-2-3　模板机"002-Win702"
加入域 i-zhishi-com

3）在这两台模板机中安装软件，选择 C 盘中 "Tool" 目录中的 "WinRAR_3.71"，完成 WinRAR 的安装。

4）将这两台模板机移到对应的 OU 中，如图 6-4-2-4 所示。

5）可以修改 DHCP 的 IP 范围，以错开服务器的 IP 地址段，避免 IP 地址冲突。可将 IP 地址段的范围按如图 6-4-2-5 所示配置；将模板机的 IP 地址改为由 DHCP 获取，两台模板机获取 IP 地址后，如图 6-4-2-6 所示。

图 6-4-2-4　移动模板机　　　　　　　　　　图 6-4-2-5　修改 IP 地址段的范围

图 6-4-2-6　重新获取 IP 地址

6）分别选中这两个 IP 地址，右键单击选择保留命令，将这两个 IP 地址保留给模板机使用，模板机准备完成，如图 6-4-2-7 所示。

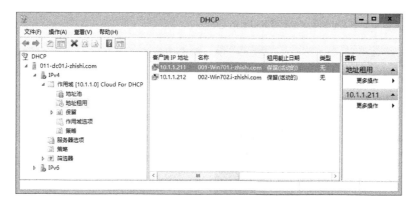

图 6-4-2-7 为模板机保留 IP 地址

6.4.3 为模板机安装 VDA For Windows Desktop OS

此时还并不能直接发布云桌面，需要通过为模板机安装 VDA（Virtual Delivery Agent For Windows Desktop OS），才可以发布。接下来将为模板机安装 VDA（只需为其中一台模板机安装即可）。

1）远程登录模板机"001-Win701.i-zhishi.com"，查看此模板机的计算机名，确认是在此模板机上面安装，如图 6-4-3-1 所示。

2）上传 ISO "XenApp_and_XenDesktop_7_11.iso" 到存储中，挂载 ISO 到模板机 "001-Win701"，如图 6-4-3-2 所示。

图 6-4-3-1 查看模板机的计算机名

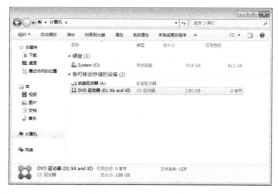

图 6-4-3-2 挂载 ISO

3）双击"XA and XD"，选择"XenDesktop 交付应用程序和桌面"，如图 6-4-3-3 所示，单击"启动"按钮。在"XenDesktop 7.11"安装对话框中，选择"Virtual Delivery Agent for Windows Desktop OS"，如图 6-4-3-4 所示。注意：Windows 7 桌面系统只能安装

"Virtual Delivery Agent for Windows Desktop OS"。

图 6-4-3-3　选择 XenDesktop 交付应用程序和桌面

图 6-4-3-4　选择 VDA

4）在"环境"对话框中，选择"创建主映像"，如图 6-4-3-5 所示，单击"下一步"按钮继续。

5）在"HDX 3D Pro"对话框中，选择"否，安装标准 VDA"，如图 6-4-3-6 所示，单击"下一步"按钮继续。

图 6-4-3-5　选择创建主映像

图 6-4-3-6　选择"否，安装标准 VDA"

6）在"核心组件"对话框中选择"Citrix Receiver"，如图 6-4-3-7 所示，单击"下一步"按钮继续。

7）在"Delivery Controller"对话框中的 Controller 地址中输入"141-CTXDDC01.i-zhishi.com"，单击"测试连接"按钮，测试成功，如图 6-4-3-8 所示，单击"下一步"按钮继续。

8）在"功能"对话框中取消勾选"启用 Citrix App-V 发布组件"，如图 6-4-3-9 所示，单击"下一步"按钮继续。

9）在"防火墙"对话框中，可以看到需要开放的端口，保持默认设置，如图 6-4-3-10

所示，单击"下一步"按钮继续。

图 6-4-3-7　选择 Citrix Receiver

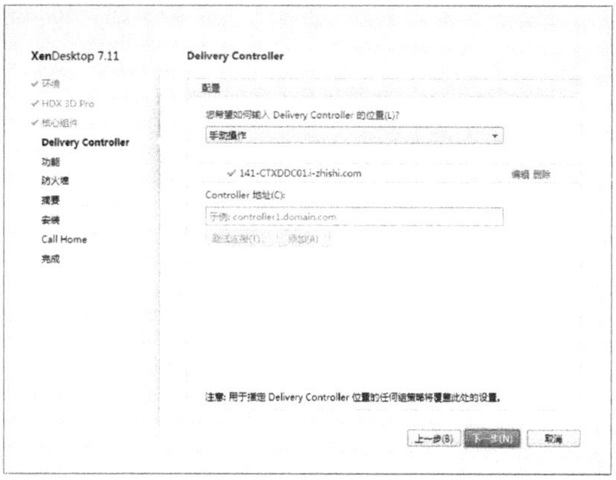

图 6-4-3-8　选择测试连接

图 6-4-3-9　取消启用 Citrix App-V 发布组件

图 6-4-3-10　"防火墙"对话框

10）在"摘要"对话框中，检查各项设置是否正确，如图 6-4-3-11 所示，单击"安装"按钮，开始安装各项组件，如图 6-4-3-12 所示。

图 6-4-3-11　"摘要"对话框

图 6-4-3-12　执行安装

11）在"Call Home"对话框中选择"我不想参与 Call Home"，如图 6-4-3-13 所示，单击"下一步"按钮，在"完成"对话框中单击完成按钮结束安装，如图 6-4-3-14 所示。

图 6-4-3-13　选择"Call Home，我不想参与 Call Home"　　　　图 6-4-3-14　选择完成

6.4.4　通过 MCS 创建云桌面的计算机目录

Citrix Machine Creation Services 简称 MCS，是 Citrix Xendesktop 发布云桌面的一种方法，接下来介绍利用 MCS 批量生成云桌面的具体步骤（在虚拟机 002-Win702 上进行安装配置）。

1）首先在"Active Diretory 用户和计算机"中确认云桌面用户，如图 6-4-4-1 所示。

2）准备好模板机，在 vCenter 中可见模板机 002-Win702，如图 6-4-4-2 所示。

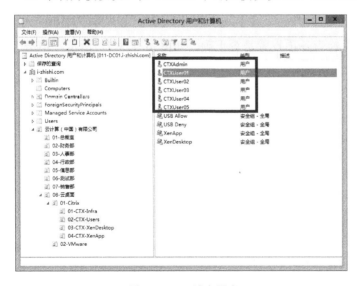

图 6-4-4-1　准备用户　　　　　　　　　　　图 6-4-4-2　准备模板机

208

3）选择"Citrix Studio"，单击右侧"操作"栏-计算机目录-"创建计算机目录"命令，打开"计算机目录设置"对话框，如图 6-4-4-4 所示，单击"下一步"按钮。如图 6-4-4-3 所示。

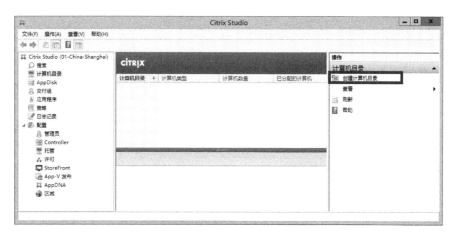

图 6-4-4-3　选择创建计算机目录

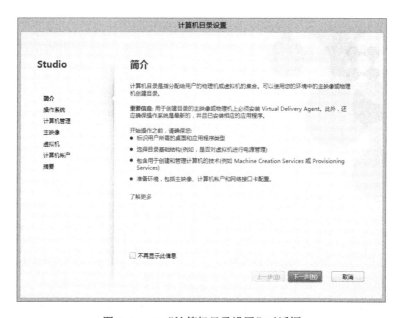

图 6-4-4-4　"计算机目录设置"对话框

4）在"操作系统"对话框中选择"桌面操作系统"，如图 6-4-4-5 所示，单击"下一步"按钮。注意：是发布的 Windows 7 所以选择桌面操作系统。

5）在"计算机管理"对话框中选择"进行电源管理的计算机（例如，虚拟机或刀片式 PC）"，"Citrix Machine CreationServices（MCS）"，如图 6-4-4-6 所示，单击"下一步"按钮。

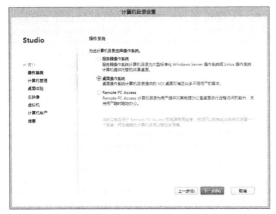 

图 6-4-4-5　选择桌面操作系统　　　　　　图 6-4-4-6　"计算机管理"对话框

6）在"桌面体验"对话框中，选择"希望用户在每次登录时连接到同一个（静态）桌面"，再选择"是，创建一个专用虚拟机并将更改保存在本地磁盘上"，如图 6-4-4-7 所示，单击"下一步"按钮。

7）在"主镜像"对话框中，选择"002-Win702"，如图 6-4-4-8 所示，单击"下一步"按钮。

图 6-4-4-7　选择"是，创建一个专用的虚拟机　　　图 6-4-4-8　选择主映像为 002-Win702
　　　　　　并将更改保存在本地磁盘上"

8）在"虚拟机"对话框中，选择"您希望创建多少台虚拟机"为 2 台（即生成两台云桌面），再选择"使用完整副本以改进数据恢复和迁移支持，并可能能够在创建计算机后减少 IOPS。"，如图 6-4-4-9 所示，单击"下一步"按钮。注意：此种做法生成的企业云桌面是独立完整的一台虚拟机。

9）在"计算机账户"对话框中，选择"OU"为"云计算（中国）有限公司"下面"05-信息部"，在"帐户命名方案"中输入 CloudDesktop1##（注意这根据实际情况而定），如图 6-4-4-10 所示，单击"下一步"按钮。

图 6-4-4-9 选择要创建的云桌面的数量

图 6-4-4-10 设置计算机帐户信息

10）在"摘要"对话框中，在"计算机目录"和"面向管理员的计算机目录说明"中输入"云桌面-01-IT"，如图 6-4-4-11 所示；单击"完成"按钮，开始创建目录，如图 6-4-4-12 所示。

图 6-4-4-11 选择 OU，输入计算机目录名称

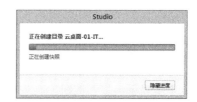

图 6-4-4-12 选择完成

11）计算机目录创建好后，如图 6-4-4-13 所示；计算机目录创建完成后的 vCenter 6.5 界面，如图 6-4-4-14 所示。

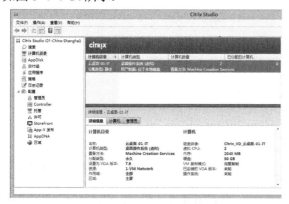

图 6-4-4-13 计算机目录创建完成后的
Citrix Studio 界面

图 6-4-4-14 计算机目录创建
完成后的 vCenter 6.5 界面

211

6.4.5 创建交付组

在上一节中讲解了如何用 MCS 为要发布的云桌面创建计算机目录，并且生成了两个云桌面，但这两个云桌面尚不能直接使用，需要为之创建交付组，将此云桌面发布给用户使用。本节将讲解使用 MCS 为要发布的云桌面创建交换组的具体步骤。

1）在"Citrix Studio"管理主界面中，选择"操作"栏中的"创建交付组"命令，如图 6-4-5-1 所示。

图 6-4-5-1　选择交付组

2）在"创建交付组"下的"简介"对话框中，单击"下一步"按钮，如图 6-4-5-2 所示。

3）在"计算机"对话框中，选择"选择此交付组的计算机数量"为 2，如图 6-4-5-3 所示，单击"下一步"按钮。

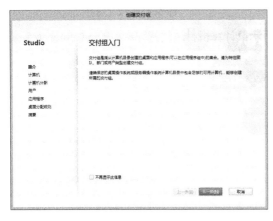

图 6-4-5-2　"简介"对话框

图 6-4-5-3　选择此交付组的计算机数量

4）在"交付类型"对话框中，选择"桌面"，如图 6-4-5-4 所示，单击"下一步"按钮。

5）在"用户"对话框中，选择"限定以下用户使用交付组"为"IT01"和"IT02"，如

图 6-4-5-5 所示，单击"下一步"按钮。

图 6-4-5-4　选择交付类型为桌面

图 6-4-5-5　选择用户

6）在"桌面分配规则"对话框中，单击"添加"按钮，在"添加桌面分配规则"对话框中，将显示名称设为"云桌面-01-IT"，如图 6-4-5-6 所示；单击"确定"按钮，"桌面分配规则"对话框如图 6-4-5-7 所示，单击"下一步"按钮。

图 6-4-5-6　添加要分配的桌面

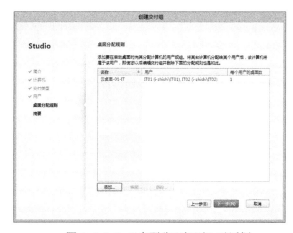

图 6-4-5-7　"桌面分配规则"对话框

7）在"摘要"对话框中，在"交付组名称"中填写名字为"云桌面-01-IT"，如图 6-4-5-8 所示，单击"完成"按钮，完成交付组的创建，交付组的详细信息如图 6-4-5-9 所示。

8）选择"交付组"，"云桌面-01-IT"，右击鼠标，选择"编辑交付组"，如图 6-4-5-10 所示。

9）选择"电源管理"，将周末的高峰小时数设置为 00：00 到 00：00，如图 6-4-5-11 所示；将工作日高峰小时数也设置为 00：00 到 00：00，如图 6-4-5-12 所示，这样设置后在每天每个时段企业云桌面都可以正常注册；单击"确定"按钮，可见已有 1 台企业云桌面注册成功，如图 6-4-5-13 所示。

图 6-4-5-8　选择摘要，填写交付组名称

图 6-4-5-9　创建完成的交付组详细信息

图 6-4-5-10　选择编辑交付组

图 6-4-5-11　设置周末高峰时间

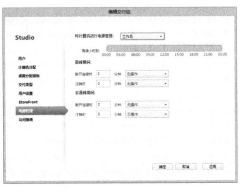

图 6-4-5-12　设置工作日高峰时间

图 6-4-5-13　已有 1 台企业云桌面注册成功

6.4.6　访问已发布的企业云桌面

通过前面创建计算机目录和创建交付组已经发布了云桌面，接下来通过浏览器来访问企业云桌面，测试云桌面是否可用。

1）在 IE 中输入"https://131-ctxsf01.i-zhishi.com/Citrix/i-zhishi-AppStoreWeb/"，输入用户名和密码，如图 6-4-6-1 所示，单击"登录"按钮，进入 Citrix StoceFront 主页，

如图 6-4-6-2 所示。

图 6-4-6-1　输入用户名和密码

图 6-4-6-2　Citrix StoreFront 主页

2）单击"桌面"图标，可见云桌面-01-IT，如图 6-4-6-3 所示。

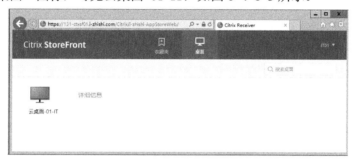

图 6-4-6-3　云桌面-01-IT

3）单击"云桌面-01-IT"图标，登录该云桌面，如图 6-4-6-4 所示，说明通过浏览器访问企业云桌面已成功；按 Windows7 的"开始"键，可见登录云桌面的用户为"IT01"，如图 6-4-6-5 所示。

图 6-4-6-4　登录云桌面

4）已登录的云桌面计算机基本信息和网络连接信息分别如图 6-4-6-6 和图 6-4-6-7 所示。

图 6-4-6-5　选择开始，可见用户"IT01"

图 6-4-6-6　查看云桌面的计算机名

图 6-4-6-7　查看云桌面的 IP 地址

5）在 vCenter 中查看两个云桌面的摘要信息，如图 6-4-6-8 和 6-4-6-9 所示。

图 6-4-6-8　查看第 1 台云桌面摘要信息

图 6-4-6-9　查看第 2 台云桌面摘要信息

6）在"Citrix Studio"中的"交付组"，查看交付组的详细信息，可见交付组已注册计算机数为 2，如图 6-4-6-10 所示，双击交付组，可以看到哪个用户在使用哪一个云桌面，如图 6-4-6-11 所示。

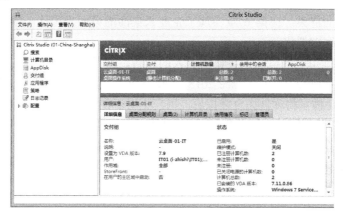

图 6-4-6-10　查看注册的计算机数

图 6-4-6-11　查看已分配的云桌面

6.5　本章小结

本章主要讲解通过 Citrix XenDesktop 实现企业云桌面的桌面虚拟化，主要内容包括准备基础环境，安装数据库服务器，安装 Citrix 许可证服务器，申请和导入许可证，部署 Citrix StoreFront 服务器，部署 Citrix Delivery Controller、Citrix Studio、Citrix Director 服务器；进行站点的设置，进行 Citrix StoreFront 服务器的配置；并为要发布的云桌面准备模板机，为模板机安装 VDA，通过 MCS 发布云桌面，并通过浏览器访问已发布的云桌面。

第 7 章
部署应用虚拟化之 **Citrix XenApp**

在第 3 章实现了 iSCSI 存储；在第 4 章实现了企业云桌面的管理群集；在第 5 章实现了企业云桌面的云桌面群集；在第 6 章实现了企业云桌面的桌面虚拟化，接下来将介绍实现企业云桌面的应用程序虚拟化。

关于应用程序虚拟化的概念，按作者个人的理解，就是将个人桌面的软件，比如 Office 2003、Office 2007、Office 2010、Office 2013、Office 2016 这些软件集成部署到一台服务器上，通过应用程序虚拟化技术将软件完全虚拟后，用户不用再在本地安装每一个软件即可使用这些软件，并且可以同时使用同一软件的多个版本，不存在兼容性的问题。

本章介绍利用企业使用最多的应用程序虚拟化软件 Citrix XenApp 7.11 来实现企业云桌面的应用程序虚拟化，主要讲解了如何部署应用程序虚拟化服务器，如何发布应用程序、测试应用程序的可用性。

本章要点
- 部署 XenApp 应用程序虚拟化服务器。
- 发布应用程序 Office 2013、IE。
- 测试应用程序的可用性。

7.1 应用程序虚拟化软件 **Citrix XenApp** 概述

Citrix 的应用程序虚拟化软件为 XenApp（本书基于 XenApp 7.11 版），Citrix XenApp 提供客户端和服务器端的应用程序虚拟化。XenApp 可以根据用户、应用和位置自动匹配最佳的交付方式。不论采用何种交付方式，IT 部门都能通过 Citrix XenApp 轻松地集中管理应用程序。Citrix XenApp 客户端应用虚拟化支持通过流技术将应用程序交付到客户端设备上，让应用程序运行在一个受保护的虚拟环境中。

XenAPP 提供三种方式用于向用户设备、服务器以及虚拟桌面交付应用程序：
- 服务器应用程序虚拟化：应用程序在服务器上运行，XenAPP 在用户设备上提供应用程序接口，并将用户操作（鼠标及键盘操作）传回服务器端的应用程序。此时用户使用的是服务器资源，客户端只是显示结果。

● 客户端应用程序虚拟化：XenAPP 可根据需要通过流技术将应用程序从服务器推送到客户端设备上并在客户端运行，此时用户使用的是客户端本地的资源。

● 虚拟机托管应用程序虚拟化：可以将存在兼容性问题或者需要在特定的操作系统上运行的应用程序，部署到虚拟机操作系统内。

XenAPP 由三部分组成：

● 客户端：客户端用于链接 XenAPP 提供的虚拟应用程序，即 Citrix Receiver 客户端软件或者浏览器。

● 访问接口：访问接口提供对 XenApp 服务器上发布的资源的访问权限。如 Citrix StoreFont、Access Gateway、Citrix Netscaler。

● 基础架构：基础架构提供用户访问的资源，并控制和监视应用程序服务器。如 XenAPP 服务器、数据库、数据收集器、Citrix XML Broker、Citrix Lisence 服务器。

XenApp 在企业中使用的最大好处是：

● 减少安装桌面应用时的应用冲突和操作系统固有的不稳定性。

● 降低回归测试、部署、维护、升级和卸载用户设备上本地运行的应用的相关费用。

● 将应用交付与客户端管理分开，而且应用可以根据需求进行配置。

● 使应用成为可以按需自动升级的业务，即使用户处于离线状态，也可以随时随地使用这些应用。

● 提高服务器集群的管理效率。

7.2　部署 XenApp 应用程序虚拟化服务器

部署 XenApp 应用程序虚拟化服务器与其他服务器不一样，需要在企业云桌面群集上面准备 1 台虚拟服务器再部署 XenApp，因为在发布应用程序的时候会调用该虚拟服务器，如果此服务器不在群集中，则没法发布服务器上面的应用程序。部署 XenApp 应用程序虚拟化服务器分为两个部分，第一部分为准备服务器主机（虚拟机），第二部分为部署 XenApp 7.11 应用程序虚拟化软件。

7.2.1　准备 XenApp 应用程序虚拟化服务器

1）在测试环境中，请参考《企业云桌面 -11- 准备虚拟机 -151-CTXXA01，http://dynamic.blog.51cto.com/711418/1922223》在 vSAN 6.5 中安装 1 台虚拟机，虚拟机名字为 151-CTXXA01.i-zhishi.com，需要为其安装 VMware Tools，设置计算机名、IP、加域、关闭防火墙、安装相应的 Windows 功能（如：.NET 3.5.1，桌面体验），该虚拟化服务器在 vCenter 的导航栏中如图 7-2-1-1 所示，该服务器的摘要信息，如计算机、IP 地址等，如图 7-2-1-2 所示。

图 7-2-1-1　在 vCenter 的导航栏中可见 151-CTXXA01

图 7-2-1-2　在 vCenter 中可见 151-CTXXA01 的计算机名和 IP 地址

2）将该服务器加入域 i-zhishi.com，如图 7-2-1-3 所示。

图 7-2-1-3　将 151-CTXXA01 加入域 i-zhishi.com

7.2.2　安装 XenApp

安装 XenApp 的步骤如下。

1）为名为 151-CTXXA01 的服务器主机挂载 XenAPP 的安装文件 XenApp_and_XenDesktop_7_11.iso，如图 7-2-2-1 所示，右击鼠标选择"从媒体安装和运行程序"，单击"启动"按钮，如图 7-2-2-2 所示。

图 7-2-2-1　挂载 XenAPP 的安装文件

图 7-2-2-2　启动 XenAPP 安装应用程序

2）单击"Vitual Delivery Agent for Windows Server OS",如图 7-2-2-3 所示。注意：发布应用程序的时候,请选择"Vitual Delivery Agent for Windows Desktop OS"。

3）在"环境"对话框中,选择"配置"选项中的"启用与服务器计算机的连接",如图 7-2-2-4 所示。单击"下一步"按钮继续。

图 7-2-2-3　选择 Vitual Delivery Agent for
Windows Server OS

图 7-2-2-4　选择启用与服务器计算机连接

4）在"核心组件"对话框中保持默认设置不变,如图 7-2-2-5 所示。单击"下一步"按钮继续。

5）在"Delivery Contontroller"对话框中,在"Contontroller 地址"中输入"141-CTXDDC01.i-zhishi.com",选择"测试连接",再单击"添加"按钮,添加输入的地址如图 7-2-2-6 所示。单击"下一步"按钮继续。

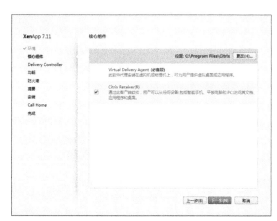

图 7-2-2-5　选择核心组件

图 7-2-2-6　设置 Delivery Controller

6）在"功能"对话框中,取消"启用 Citrix App-V 发布组件",如图 7-2-2-7 所示。单

221

击"下一步"按钮继续。

7）在"防火墙"对话框中保持默认设置不变，如图 7-2-2-8 所示。单击"下一步"按钮继续。

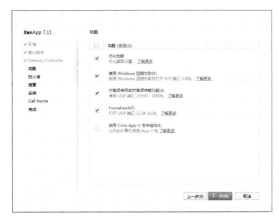 

图 7-2-2-7　取消启用 Citrix App-V 发布组件　　　　图 7-2-2-8　设置防火墙选项

8）在"摘要"对话框中保持默认设置不变，如图 7-2-2-9 所示；单击"安装"按钮之后会弹出重启计算机的提示框，如图 7-2-2-10 所示，单击"关闭"按钮重启服务器主机。

图 7-2-2-9　选择安装　　　　　　　　　　　　图 7-2-2-10　选择关闭

9）重启服务器主机后，在"Call Home"对话框中选择"我不想参与 Call Home."，如图 7-2-2-11 所示。单击"下一步"按钮继续。

10）在"完成"对话框中保持默认设置不变，如图 7-2-2-12 所示，单击"完成"按钮，XenApp 安装已完成。

11）重启计算机后，在"Citrix Studio"主界面中可见安装好的界面。

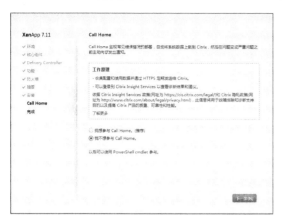

图 7-2-2-11　选择我不想参与 Call Hone

图 7-2-2-12　完成 XenApp7.11 的安装

7.3　通过 XenApp 发布应用程序

本节将讲解如何通过 XenApp 服务器来发布 Office 2013 和 IE 浏览器这两种常见的应用程序。其他应用程序的发布请参考如下步骤进行发布即可。

7.3.1　安装 Office 2013 Vol 版

为名为 151-CTXXA01 的服务器安装的 Office 版本为 Office Professional Plus 2013 VOL (x64)（ISO 为 SW_DVD5_Office_Professional_Plus_2013_64Bit_ChnSimp_MLF_X18-55285.iso）。注意：此处非普通版的 Office，需要 Vol 版的 Office，否则无法通过 XenApp 7.11 发布。具体安装过程不再赘述。

7.3.2　发布 Office 2013

1. 为发布 Office 2013 创建计算机目录

要将应用程序发布给普通用户使用，需要进行两步操作，第一步：创建计算机目录，第二步创建交付组。本节将讲解第一步，如何创建计算机目录。

1）在"Citrix Studio"管理主界面中，选中左边窗格的"计算机目录"，在中间窗格中可见第 6 章为云桌面创建的计算机目录"云桌面-01-IT"；单击右边操作栏"计算机目录"中的"创建计算机目录"命令，执行计算机目录的创建，如图 7-3-2-1 所示。

2）在弹出的"计算机目录设置"下的"简介"对话框中，保持默认设置不变，如图 7-3-2-2 所示，单击"下一步"按钮。

3）在"操作系统"对话框中，选择"服务器操作系统"，如图 7-3-2-3 所示，单击"下一步"按钮。注意：Office 是安装在 Windows Server 2012 R2 的操作系统之上，所以选择

"服务器操作系统"选项。

图 7-3-2-1　创建计算机目录

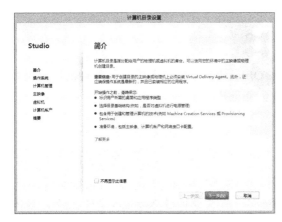

图 7-3-2-2　"简介"对话框

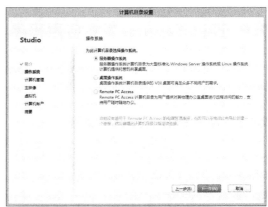

图 7-3-2-3　选择服务器操作系统

4）在"计算机管理"对话框中，选择"其他服务或技术"，如图 7-3-2-4 所示。单击"下一步"按钮继续。

5）在"虚拟机"对话框中，单击"添加 VM"按钮，如图 7-3-2-5 所示；在弹出的"选择 VM"对话框中，选择"151-CTXXA01.i-zhishi.com"，如图 7-3-2-6 所示；单击"确定"按钮返回到"虚拟机"对话框，在"计算机 AD 帐户"中，输入计算机账户名称为"i-zhishi\151-CTXXA01$"，如图 7-3-2-7 所示。单击"下一步"按钮继续。

6）在"摘要"对话框中，在计算机目录名称中输入"云应用-01-Office-2013"，如图 7-3-2-8 所示，单击"完成"按钮。注意：在生产环境中名称按实际情况定义。

至此，计算机目录创建完成，在 Citrix Studio 管理界面中可见为 Office 2013 创建的计算机目录云应用-01-Office-2013，如图 7-3-2-9 所示。

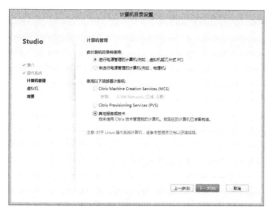

图 7-3-2-4　选择其他服务或技术

图 7-3-2-5　添加虚拟机

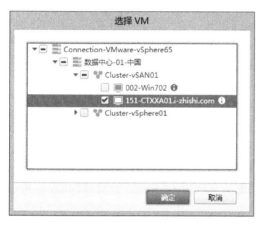

图 7-3-2-6　选择 151-CTXXA01.i-zhishi.com

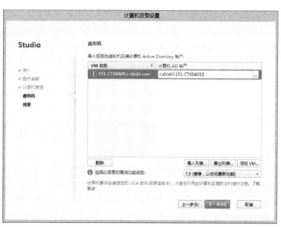

图 7-3-2-7　选择 i-zhishi\151-CTXXA01$

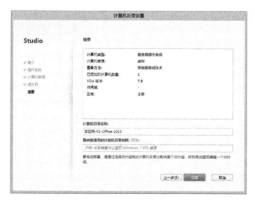

图 7-3-2-8　输入计算机目录名称

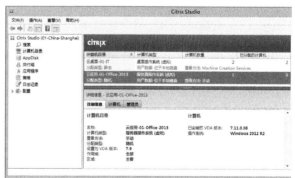

图 7-3-2-9　计算机目录创建完成

2. 为发布 Office 2013 创建交付组

如前文介绍，如果要将软件发布给普通用户使用，需要进行两步操作，第一步创建计算机目录，第二步创建交付组。本节将讲解第二步，如何创建交付组。

1）在"Citrix Studio"管理主界面中，在左边窗口中选中"交付组"，在右边操作栏中，单击"创建交付组"命令，如图 7-3-2-10 所示。

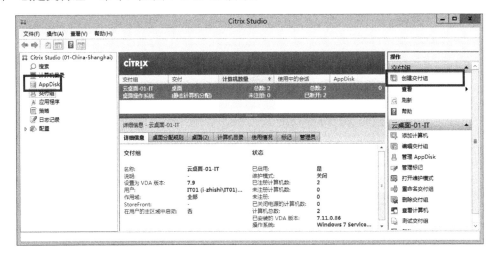

图 7-3-2-10　单击创建交付组

2）在"创建交付组"下的"简介"对话框中，保持默认设置不变，如图 7-3-2-11 所示。单击"下一步"按钮继续。

3）在"计算机"对话框中，选择"计算机目录"为"云应用-01-Office-2013"，输入"计算机数量"为 1（因为是发布这 1 台服务器上面的所有应用），如图 7-3-2-12 所示。单击"下一步"按钮继续。

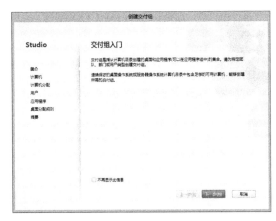

图 7-3-2-11　选择创建交付组

图 7-3-2-12　选择计算机目录和计算机数量

4）在"用户"对话框中保持默认设置不变，如图 7-3-2-13 所示。单击"下一步"按钮继续。

5）在如图 7-3-2-14 所示的"应用程序"对话框中，单击"添加"按钮，在弹出的"从开始菜单中添加应用程序"对话框中，选择"Word 2013、Excel 2013、PowerPoint 2013、Outlook 2013、OneNote 2013"几个应用程序，如图 7-3-2-15 所示；单击"确定"按钮，返回"应用程序"对话框，可见已选择好应用程序，如图 7-3-2-16 所示。单击"下一步"按钮继续。

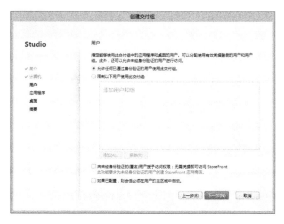

图 7-3-2-13　选择用户

图 7-3-2-14　单击"添加"按钮

图 7-3-2-15　选择应用程序

图 7-3-2-16　选择了相应的应用程序

6）因为本节是发布应用程序而非发布桌面，所以在如图 7-3-2-17 所示的"桌面"对话框中不选择添加任何桌面。单击"下一步"按钮继续。

7）在"摘要"对话框中的交付组名称文本框中输入"云应用-01-Office-2013"，如图 7-3-2-18 所示，之后单击"完成"按钮，交付组创建完成，如图 7-3-2-19 所示，这也意味着 Office 2013 应用程序已发布完成。

图 7-3-2-17 "桌面"对话框

图 7-3-2-18 输入交付组名称

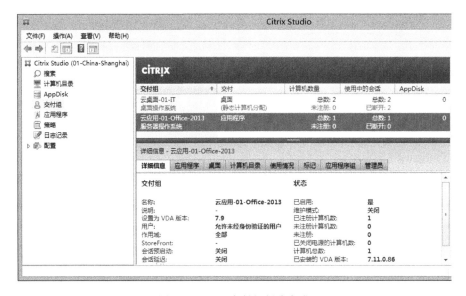

图 7-3-2-19 交付组创建完成

7.3.3 发布 IE 浏览器

IE 浏览器是操作系统自带的软件。发布这种系统自带的软件时，不用再像发布 Office 2013 办公应用软件那样另行安装，只需要添加系统本身相应的应用程序即可。本节将讲解如何发布 IE 浏览器。

1）在"Citrix Studio"主管理界面的左侧窗格中选中"交付组"，再选中"云应用-01-Office-2013"，如图 7-3-3-1 所示；单击"应用程序"，可见上节发布的 Office 2013 组件，如图 7-3-3-2 所示；单击右边窗口"云应用-01-Office-2013"中的"添加应用程序"，如图 7-3-3-3 所示。

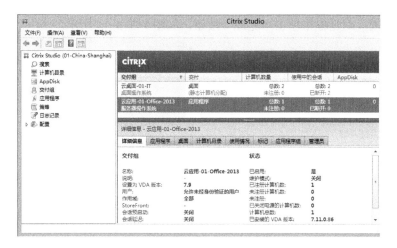

图 7-3-3-1　选择交付组云应用-01-Office-2013

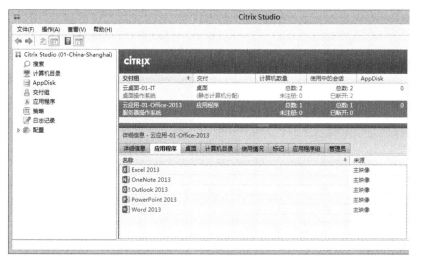

图 7-3-3-2　选择应用程序

图 7-3-3-3　选择添加
应用程序

2）在"简介"对话框中保持默认设置不变，如图 7-3-3-4 所示。单击"下一步"按钮继续。

3）在"应用程序"对话框中单击"添加"按钮，如图 7-3-3-5 所示；在"手动添加应用程序"对话框中单击"浏览"按钮，如图 7-3-3-6 所示；在"选择共享"对话框中，选择 IE 浏览器应用程序的安装位置，如图 7-3-3-7 所示；选择"iexplore"应用程序，单击"打开"按钮，如图 7-3-3-8 所示；在"手动添加应用程序"对话框中，修改应用程序名称，如图 7-3-3-9 所示，单击"确定"按钮。

4）返回"应用程序"对话框，可见添加了的"Internet Explorer"应用程序，如图 7-3-3-10 所示。单击"下一步"按钮继续。

5）在"摘要"对话框中单击"完成"按钮，如图 7-3-3-11 所示。

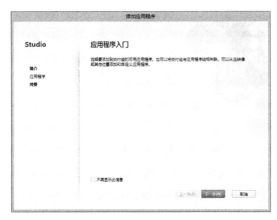

图 7-3-3-4　选择简介

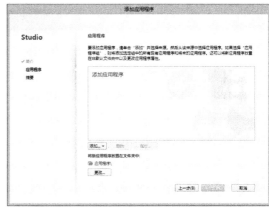

图 7-3-3-5　"应用程序"对话框

图 7-3-3-6　选择浏览

图 7-3-3-7　选择 IE 安装位置

图 7-3-3-8　选择 iexplore 安装程序

图 7-3-3-9　修改应用程序名称

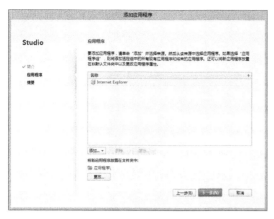

图 7-3-3-10　添加了 IE 应用程序

图 7-3-3-11　"摘要"对话框

6）应用程序添加完成后，在应用程序页面中增加了"Internet Explorer"应用程序，至此，IE 浏览器发布完成如图 7-3-3-12 所示。

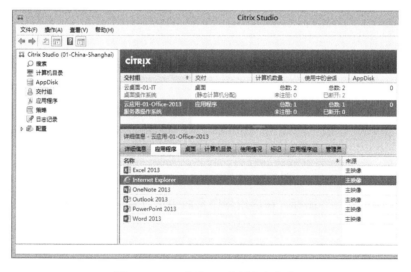

图 7-3-3-12　添加 IE 应用程序完成

7.3.4　测试已发布的应用程序

发布了 Office 2013 和 IE 浏览器两个应用程序之后，接下来测试一下应用程序发布的效果。

1）在 IE 浏览器中访问虚拟应用程序的网址，这样为了测试虚拟应用程序是否可用。访问"https://131-ctxsf01.i-zhishi.com/Citrix/i-zhishi-AppStoreWeb/"，输入用户名和密码，单击"登录"按钮，如图 7-3-4-1 所示；打开如图 7-3-4-2 所示的 Citrix StoreFront 页面。

图 7-3-4-1　访问云应用的网址

图 7-3-4-2　Citrix StoreFront 页面

2）单击"应用程序"图标，在应用程序页面中可以看见已经发布的所有的应用程序，如图 7-3-4-3 所示。

图 7-3-4-3　选择应用程序

3）单击"Word 2013"图标，在"首要事项"对话框中选择"使用推荐的设置"（如图 7-3-4-4 所示）选项，在"用户帐户控制"对话框中输入用户名和密码后（如图 7-3-4-5 所示），即可使用 Word 2013 来编辑文档。

图 7-3-4-4　选择"使用推荐的设置"选项　　　　图 7-3-4-5　输入用户名和密码

4）接下来测试 IE 浏览器。单击"Internet Explorer"图标，打开 IE 浏览器，如图 7-3-4-6 所示；输入网址"http://www.bing.com"，网页可以正常打开，可知 IE 发布成功，如图 7-3-4-7 所示。

图 7-3-4-6　打开 IE　　　　　　　　图 7-3-4-7　访问 http://www.bing.com

7.4　本章小结

本章主要讲解了 XenApp 应用程序虚拟化服务器的部署，以及如何通过 XenApp 来发布应用程序到客户端。

第 **8** 章

配置企业网盘

目前互联网上的网盘众多，比如百度网盘、微云等，但出于安全考虑，此类网盘企业很少使用。为了保证数据安全性，多数大中型企业通常都是在企业内部自建网盘，也就是企业网盘。

企业网盘可供用户用来存放用户数据，企业数据，所有这些数据统一进行存储、备份、使用。

在企业中使用最多的企业网盘方案是：利用微软的组策略，结合一台文件服务器上面连接的光纤存储或者 ISCSI 存储，再结合企业的组织架构，利用文件夹的形式，最后通过映射网络驱动器的形式为用户提供企业网盘服务。本章就将介绍如何配置企业网盘。

本章要点：
● 规划企业网盘。
● 新建企业网盘。
● 为每个企业用户分配企业网盘。
● 通过两个测试用户，测试企业网盘。

8.1 规划企业网盘

在本书中规划的云桌面的系统盘是 50GB，所有的用户数据都统一存放在企业网盘中。所规划的企业网盘结构依照企业的部门架构进行规划：即在一个共享存储中为公司新建一个共享文件夹；在公司的共享文件夹中，再为各部门新建文件夹；在部门下为个人新建文件夹；每个用户将其数据存放到相应的个人网盘中，如图 8-1-1～图 8-1-4 所示。在每级中都新建公共文件夹，用于存放各部门之间、各用户之间共享的数据。

图 8-1-1　为公司准备企业网盘

图 8-1-2　为部门新建网盘

图 8-1-3　为个人（IT01～IT05）新建网盘

图 8-1-4　个人网盘 IT01 存放的数据

规划和配置企业网盘的步骤如下。

● 新建文件服务器。

- 在 D 盘新建共享文件夹（云计算（中国）有限公司）。
- 在公司共享文件夹中新建-部门文件夹（05-信息部）。
- 设置用户漫游文件的主文件夹目录。
- 测试是否能使用企业网盘。
- 使用企业网盘。

8.2　为企业和部门新建企业网盘

在生产环境中，可以利用两台分布式文件系统 DFS 服务器提供网盘，这样既保证了不会因为单独 1 台服务器因为 CPU、内存、硬盘出现问题而影响企业云桌面的用户数据的存放，也可以利用服务器提供的文件共享功能作为用户的网盘，进行存取数据。

在本书中为了简化，在名为 011-DC01 的服务器主机上面新建共享文件夹，再利用映射网络驱动器来实现网盘，保证每个用户只能访问自己的文件夹和公共文件夹进行数据读取与写入。以下是为企业和部门新建企业网盘的步骤。

1）远程连接到桌面服务器 011-DC01，查看主机的计算机名和 IP 地址，目的是确认在该服务器上配置企业网盘，如图 8-2-1 所示。

图 8-2-1　远程登录桌面服务器 011-DC01

2）选择"D 盘"，新建文件夹"云计算（中国）有限公司"，如图 8-2-2 所示。

图 8-2-2　新建云计算（中国）有限公司文件夹

3）选择"云计算（中国）有限公司"，右击鼠标，在弹出的下拉菜单中选择"共享"，再选择"特定用户"，如图 8-2-3 所示；在"文件共享"对话框中单击"共享"按钮，如图 8-2-4 所示。可见文件夹已共享，访问方式为"\\011-DC01\云计算（中国）有限公司"，如图 8-2-5 所示；单击"完成"按钮，文件夹共享完成，如图 8-2-6 所示。接下来为各部门新建文件夹。

图 8-2-3　选择文件夹，共享，特定用户

图 8-2-4　选择共享

图 8-2-5　选择完成

图 8-2-6　文件夹共享完成

4）在"Active Directory 用户和计算机"对话框中，可以看到企业所有部门的组织架构，如图 8-2-7 所示；依此为各个部门新建文件夹，文件夹创建好后如图 8-2-8 所示。

图 8-2-7　企业所有部门的组织架构

图 8-2-8　为各个部门新建文件夹

8.3　新建企业用户

接下来为各个部门新建用户。本节将介绍为"05-信息部"、"03-人事部"创建用户。

1）选择"Active Directory 用户和计算机"，单击组织单元"云计算（中国）有限公司"，如图 8-3-1 所示。

2）单击组织单元"05-信息部"，为该部门创建用户，如何创建用户在此不再详述，如图 8-3-2 所示。

图 8-3-1　选择组织单元

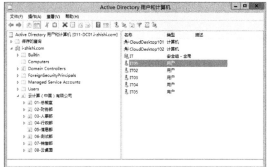

图 8-3-2　创建信息部用户

3）单击组织单元"03-人事部"，为该部门创建用户，用户创建完之后如图 8-3-3 所示。

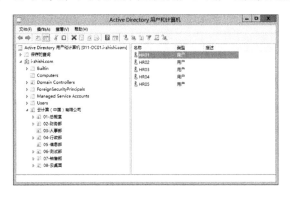

图 8-3-3　创建人事部用户

8.4　为企业用户映射企业网盘

按企业组织架构新建了公司的共享文件夹和部门文件夹，并为各个部门创建了用户，接下来为企业用户分配网盘。

1）在"Active Directory"对话框中选择"05-信息部"-"IT01"用户，如图 8-4-1 所示。

2）右击鼠标，选择"属性"，在"IT01"属性对话框中，单击"配置文件"选项卡，在

"主文件夹"中选择"连接",从"X:"盘,到"\\011-DC01\云计算(中国)有限公司\05-信息部\%UserName%",如图 8-4-1 所示,单击"确定"按钮,为一个用户配置网盘已经完成,用同样的方法为其他用户配置网盘。

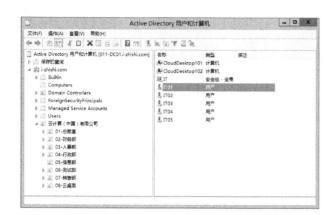

图 8-4-1　选择用户 IT01

图 8-4-2　连接 X 盘,到网盘

8.5　测试企业网盘

企业网盘配置完成后,需要测试其是否可用。接下来对配置完成的企业网盘进行测试。

1)访问企业云桌面的相应地址,输入用户名和密码,登录后单击"桌面"图标,可见名为"云桌面-01-IT"的桌面,如图 8-5-1 所示。

图 8-5-1　可见名为"云桌面-01-IT"的桌面

2)单击"云桌面-01-IT"图标,登录该企业云桌面,桌面主界面如图 8-5-2 所示。

3)单击"开始"菜单,可见登录用户为 IT01,如图 8-5-3 所示。

图 8-5-2　登录到名为"云桌面-01-IT"的云桌面

图 8-5-3　登录云桌面的用户为 IT01

4）选中"我的电脑"，右击鼠标，可以查看登录的云桌面的信息，如图 8-5-4 所示。

5）单击"计算机"，在"网络位置"处可以看见映射的网盘为"IT01（\\011-DC01\云计算（中国）有限公司\05-信息部）(X:)"，如图 8-5-5 所示。

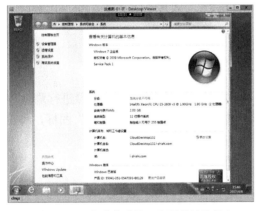

图 8-5-4　查看登录的云桌面的计算机名

图 8-5-5　查看为 IT01 用户映射的网盘

6）双击打开该网盘，创建文本文档"IT01.txt"，如图 8-5-6 所示，可正常创建文件。

7）使用用户 IT02 再次登录网盘，依照相同步骤也创建一个文本文档，如图 8-5-7 所示。

图 8-5-6　为 IT01 用户在网盘中创建文本文档

图 8-5-7　为 IT02 用户在网盘中创建文本文档

8）用户 IT01 和 IT02 分别在企业网盘中创建了文档，但是二者之间不能看到对方的数据，但管理员可以。可使用管理员账号访问"\\10.1.1.11\云计算（中国）有限公司\05-信息部\"下的 IT01 或 IT02 文件夹，可分别查看两个用户创建的文档，如图 8-5-8 和图 8-5-9 所示。

图 8-5-8　访问 IT02 文件夹

图 8-5-9　可见 IT02 创建的文档

通过以上测试可以看到，为每个用户自动创建的企业网盘已生效，可以正常访问，同时每个用户只能访问自己的网盘，这样就保证了数据的安全性、可靠性。

8.6　本章小结

在本章中，介绍了如何规划企业网盘，如何为用户创建企业网盘，并最终测试了配置完成的企业网盘。通过规划和部署企业网盘，将用户数据统一存储，统一备份，这样在员工离职、企业云桌面操作系统出现问题等的时候，可以非常方便地进行数据恢复，减少企业损失。

第 9 章
用户配置文件管理之 **Citrix UPM**

本章介绍利用 Citrix UPM 进行企业云桌面用户配置文件的管理，比如重定向文件夹，让用户在域中任何位置登录都可以访问到自己的文件夹。

本章要点
- 用户配置文件管理的介绍。
- 用户配置文件管理注意事项。
- 配置并测试文件夹重定向。

9.1 用户配置文件管理概述

用户配置文件包括企业云桌面用户的桌面、我的文档、收藏夹、开始菜单等的信息设置，默认保存在本地操作系统之上。通过将用户的配置文件设成漫游，可以将这些用户配置文件漫游到网络中的某台服务器上，当用户不论在哪台终端上面登录、或者企业云桌面终端设备关机、企业云桌面的操作系统遇到问题无法开机时，用户仍能正常访问自己的云桌面。

Citrix 的 User Profile Management（UPM）组件用于对用户配置文件做管理。

Citrix UPM 可以通过 Citrix DDC 控制台中的策略项来实现，也可以通过微软的组策略来实现。当用户环境是一个小型企业环境时，建议使用 Citrix DDC 来完成 Citrix UPM 策略的配置；当用户环境是一个中型或者大型企业环境时，可以考虑把 UPM 策略与虚拟桌面相关的 GPO 组策略合并，统一进行配置和管理。具体使用哪一种方式来实现 UPM，完全取决于用户现场的实际情况。

9.2 常用的用户配置文件管理

当使用 Citrix UPM 进行用户配置文件管理时，发现有很多可以管理的配置文件选项，那到底需要管理哪些配置文件呢？哪些才是重要的呢？这需要根据实际情况而定。

下面就几个常见的配置文件进行管理规划进行介绍，主要要实现以下几方面内容。

- "AppData（漫游）"的重定向设置。
- "图片"的重定向设置。
- "收藏夹"的重定向设置。
- "文档"的重定向设置。
- "桌面"的重定向设置。

通过对以上几个配置文件的重定向可以满足部分实际需求，如果有其他配置文件需要重定向，请按实际情况通过 UPM 进行配置。

9.3　用户配置文件管理与配置

在本节中将讲解如何为企业云桌面配置用户配置文件。

9.3.1　安装 User Profile Management

本书中使用 Xendesktop 7.11，不需要单独安装 User Profile Management 5.5，直接使用默认的 VDA 中安装的版本即可。

9.3.2　为用户配置文件新建共享文件夹

用户配置文件需要集中存放、集中管理，这样才能实现用户在任何地方登录都可以访问自己的桌面和应用程序等。本节讲解如何将所有用户的配置文件集中存放在文件服务器的一个共享文件夹中。在文件服务器上创建一个共享目录。同时为了安全性考虑，共享目录的名称最后增加一个$符号，如 UPM$，这样会隐藏共享，默认访问是看不到此共享文件夹的。以下为具体步骤。

1）登录名为 001-DC01 的服务器，在此计算机上配置共享文件夹。在生产环境中建议使用单独的文件服务器或者存储服务器作为文件服务器。

2）在"011-DC01"这台服务器上面的 D 盘中新建文件夹"User Profile Management 5.5"，并在此文件夹中新建一个 UPM 子文件夹；选择"UPM"文件夹，右击鼠标，在弹出的下拉菜单中选择"特定用户"，如图 9-3-2-1 所示。

3）在"文件共享"对话框中单击下拉箭头，选择用户"Domain Users"，再设置其权限级别为"读取/写入"，如图 9-3-2-2 所示；单击"共享"按钮，可见共享文件夹"\\011-DC01\upm"，如图 9-3-2-3 所示；单击"完成"按钮，文件夹已共享完成。接下来配置共享文件夹隐藏。

4）选择设为共享的文件夹"UPM"，右击鼠标，在弹出的下拉菜单中选择"属性"，如图 9-3-2-4 所示。

5）在"UPM 属性"对话框中，单击"共享"选项卡，单击"高级共享"按钮，如图 9-3-2-5 所示；在"高级共享"对话框中单击"添加"按钮，如图 9-3-2-6 所示。

6）在"新建共享"对话框中单击"权限"按钮，如图 9-3-2-7 所示；在"UPM$的权限"对话框中，分别为 Administrator、Domain User、Everyone 3 类用户设置权限，如图 9-3-2-8～图 9-3-2-10 所示；设置完成后，单击"确定"按钮。

图 9-3-2-1　选择共享，特定用户

图 9-3-2-2　选择 Domain Users，权限设为读取/写入

图 9-3-2-3　选择完成

图 9-3-2-4　右击鼠标，选择属性

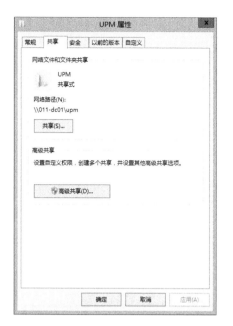

图 9-3-2-5　单击"高级共享"按钮

图 9-3-2-6　"高级共享"对话框

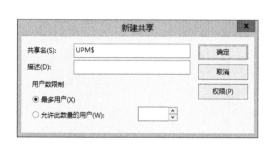

图 9-3-2-7　"新建共享"对话框

图 9-3-2-8　设置 Administrator 权限

7）返回"高级共享"对话框，选择"UPM 中"后单击"删除"按钮将其删除，保留共享名 UPM$，将共享文件夹隐藏，从而更加安全，如图 9-3-2-11 所示，单击"确定"按钮。

8）返回"UPM 属性"对话框，如图 9-3-2-12 所示，单击"关闭"按钮。至此共享文件夹隐藏设置完成。

图 9-3-2-9　设置 Domain User 权限

图 9-3-2-10　设置 Everyone 的权限

图 9-3-2-11　设置高级共享

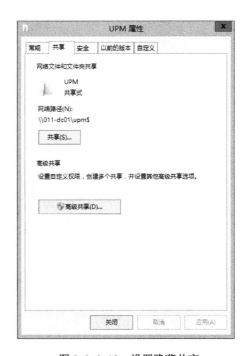

图 9-3-2-12　设置隐藏共享

9）按〈Windows+R〉组合键，在"打开"窗口中输入"\\10.1.1.11"，并未看到任何共享文件夹，如图 9-3-2-13 所示；输入"\\10.1.1.11\UPM$"，可以访问 UPM$文件夹，如图 9-3-2-14 所示，但目前共享文件夹中没有任何用户的配置文件。

图 9-3-2-13　共享文件夹处于隐藏状态

图 9-3-2-14　访问隐藏共享文件夹 UPM$

9.3.3　为用户配置文件新建策略

为用户配置文件新建共享文件夹后，接着需要新建一条策略，利用上节新建的文件夹为用户配置文件重定向提供服务。本节将讲解如何新建一个策略。

1）登录至服务器"141-CTXDDC01"，在"Citrix　Studio"主管理界面中左侧窗口选中"策略"，可见策略窗口中有一个名为"Unfiltered"的策略；单击右侧操作栏中的"创建策略"命令，如图 9-3-3-1 所示。

2）在"创建策略"对话框中，单击"所有设置"，选择"Profile Management"—"基本设置"选项，如图 9-3-3-2 所示。

3）单击"启用 Profile　Management"的"选择"命令，启用此项设置，并启用"主动写回"和"用户存储路径"两项设置，并将"用户存储路径"设置为："\\011-DC01\UPM$\#SAM AccountName#"，如图 9-3-3-3 所示。单击"下一步"按钮。

4）在"用户和计算机"对话框中，选中"站点中的所有对象"选项，如图 9-3-3-4 所示。单击"下一步"按钮。

5）在"摘要"对话框中，输入策略名称为"策略-01-云桌面"，如图 9-3-3-5 所示；单击"完成"按钮，新建策略完成，如图 9-3-3-6 所示。接下来将对配置文件夹重定向。

图 9-3-3-1　查看"策略"窗口并创建策略

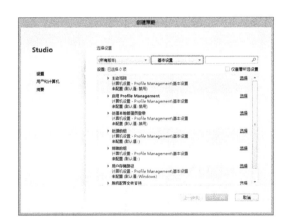

图 9-3-3-2　选择"基本设置"选项

图 9-3-3-3　选择用户存储路径

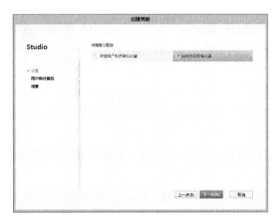

图 9-3-3-4　选择站点中的所有对象

图 9-3-3-5　设置策略名称

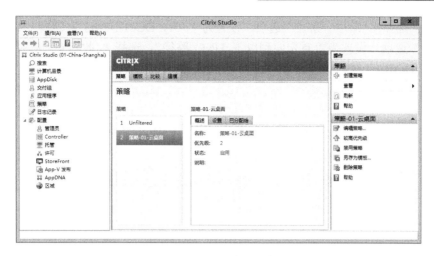

图 9-3-3-6　新建策略完成

9.3.4　配置文件夹重定向

接下来将配置文件夹重定向，为每个云桌面用户重定向文件夹。这样方便针对用户配置进行管理。为用户配置文件夹重定向，包括将桌面、文件夹、收藏夹都重定向。

1）远程登录服务器"141-CTXDDC01"，打开"Citrix Studio"管理主界面，单击"Citrix Studio(01-China-Shanghai)"，再单击"策略"，单击名为"Unfiltered"的策略，再单击右侧 Unfiltered 栏中的"编辑策略"，如图 9-3-4-1 所示，打开"编辑 Unfiltered"对话框。注意：本书中使用默认策略来配置，与自己新建的策略配置达到的效果是一样的。

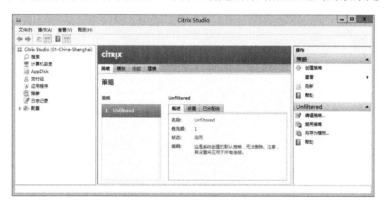

图 9-3-4-1　选择策略-Unfiltered

2）在"编辑 Unfiltered"对话框中，单击"所有设置"，选择"Profile Management"，再选择"文件夹重定向"，如图 9-3-4-2 所示。

3）接下来设置各个重定向设置项，共计 13 项。选择"'AppData（漫游）'的重定向设置"选项，设置为"值：重定向到以下 UNC 路径"，选择"'AppData（漫游）'路径"选项，设置为"\\011-DC01\UPM$"；选择"'图片'的重定向设置"选项，设置为"重定向到以下

UNC 路径"；选择"'图片'路径"选项，设置为"\\011-DC01\UPM$"；选择"'收藏夹'的重定向设置"选项，设置为"重定向到以下 UNC 路径"；选择"'收藏夹'路径"选项，设置为"\\011-DC01\UPM$"；选择"'文档'的重定向设置"选项，设置为"重定向到以下 UNC 路径"；选择"'文档'路径"选项，设置为"\\011-DC01\UPM$"；选择"'桌面'的重定向设置"选项，设置为"重定向到以下 UNC 路径"；选择"'桌面'路径"选项，设置为"\\011-DC01\UPM$"。设置完成之后单击"下一步"按钮。"摘要"对话框如图 9-3-4-3 所示，单击"完成"按钮完成策略编辑。

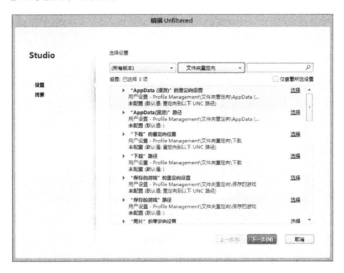

图 9-3-4-2　选择文件夹重定向

图 9-3-4-3　"摘要"对话框

策略编辑完成后，相应的用户配置文件重定向也已设置完成。

9.3.5　测试用户配置文件

在本节中，将测试云桌面用户的配置文件是否被重定向到设置的位置。

1）通过 IE 浏览器访问"https://131-ctxsf01.i-zhishi.com/Citrix/i-zhishi-AppStoreWeb/"，登录用户 IT01 的云桌面"云桌面-01-IT"，如图 9-3-5-1 所示。

图 9-3-5-1　登录用户 IT01 的云桌面

2）访问共享文件夹"\\011-DC01\UPM$"，可见 IT01 和 IT02 用户文件夹，如图 9-3-5-2 所示。双击"IT01"文件夹，可以看到 IT01 文件夹中的数据，如图 9-3-5-3 所示。但 IT02 文件夹是不能访问的，因为没有权限。

图 9-3-5-2　访问共享文件夹 UPM$　　　图 9-3-5-3　访问 IT01 文件夹

251

3）登录计算机名为 CloudDesktop102 的云桌面，则可以访问 IT02 文件夹而无法访问 IT01 文件夹。

至此，通过 UPM 进行配置文件管理，重定向了部分用户配置文件。

9.4 本章小结

在本章中，介绍了用户配置文件的配置和管理，并配置了文件夹重定向。

第 10 章
部署负载均衡之 Citrix NetScaler VPX

在企业云桌面部署完成之后，最多的访问方式是通过 https 的方式登录访问云桌面。或者通过瘦客户端来登录访问企业云桌面。

在企业内部使用以上两种方式访问企业云桌面不会出现性能瓶颈，但如果通过 Internet 从企业外部访问，因为网络带宽的不稳定性，将会面临访问速度缓慢，不能正常使用的情况。针对这种情况，Citrix 通过自己的负载均衡产品 NetScaler VPX 让外部用户先访问 NetScaler 外部接口，在进行负载均衡、安全处理后再转向内部服务器，从而加快、优化企业云桌面的访问速度。

本章将介绍通过 NetScaler VPX 11.0 部署负载均衡，之后发布企业云桌面，用户通过 Internet 以 https 形式从外部访问企业云桌面。

本章要点
- 配置负载均衡软件 NetScaler VPX 11.0。
- 发布、测试企业云桌面。
- 配置云客户端，进行测试。

10.1 Citrix NetScaler VPX 简介

Citrix NetScaler 用于执行特定应用的流量分析，从而智能地分配和优化 Web 应用的网络流量，并确保其安全。Citrix NetScaler 根据单个 HTTP 请求而非持续的 TCP 连接做出负载平衡决策，因此服务器的故障或速度下降可更快地得到处理，对客户端的干扰也较少。

Citrix NetScaler VPX 是 Citrix NetScaler 的虚拟机，拥有与 NetScaler 相同的功能。

NetScaler Gateway VPX 保证用户在 LAN 防火墙内外提供安全访问。在企业云桌面的架构部署如下图 10-1 所示（此图来源于 Citrix 官方网站）：

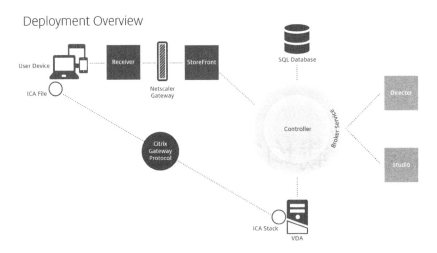

图 10-1   NetScaler Gateway VPX 在企业云桌面的架构部署

用户通过 Citrix Receiver 访问 NetScaler Gateway VPX，再访问 Citrix StoreFront 经过身份验证后，再访问 Citrix Controller 分配的企业云桌面与云应用。

10.2   配置负载均衡

本节将讲解通过 Citrix NetScaler VPX 为云桌面部署负载均衡，包括：Citrix NetScaler VPX 的规划、配置 StoreFront、将 NetScaler VPX 虚拟机导入到 ESXi 主机、Citrix NetScaler VPX 的基本设置，Citrix NetScaler VPX 证书申请、审批、分配、安装。

10.2.1   准备工作

本节将介绍 Citrix Netscaler VPX 部署前的准备工作，其中包括新建 DNS 记录、下载 Citrix Netscaler VPX 11.0 和对企业云桌面的前期准备进行检查。

1）为了使用 Citrix NetScaler VPX 11.0 配置发布企业云桌面，需要在公司内部和公司外部新建 DNS 记录，新建的 DNS 的 A 记录如表 10-2-1-1 所示。在第 1 台 DNS 服务器（IP 地址为 10.1.1.11）"服务器管理器"中选择"管理工具"中的"DNS 管理器"，单击"011-DC01"下面的"正向查找区域"中的"i-zhishi.com"，选择"新建 A 记录"，建立完的 A 记录，如图 10-2-1-1 所示。

表 10-2-1-1   新建的 DNS 的 A 记录

编号	功 能	IP	A 记录名称
1	VPX IP（NSIP 管理 IP）	10.1.1.161	161-CTXNSVPX01.i-zhishi.com
2	Subnet IP（SNIP 子网 IP）	10.1.1.171	161-CTXNSVPX01.i-zhishi.com
3	NetScaler Gateway Virtual Server(VIP)	10.1.1.181	iCloud.i-zhishi.com

图 10-2-1-1　新建 A 记录

2）在 Citrix 官网下载 Citrix Netscaler VPX 11.0 安装文件。下载完成后，对该压缩包文件解压，解压后的安装文件如图 10-2-1-2 所示。

图 10-2-1-2　解压后的安装文件

3）在前面的章节中，企业云桌面的环境已准备完成，如图 10-2-1-3 所示。

图 10-2-1-3　准备完的企业云桌面环境

10.2.2　配置 Citrix StoreFront

在企业内部访问企业云桌面，访问的是 Citrix StoreFront；在企业外部访问企业云桌面，是先访问 Netscaler VPX，再转到 Citrix StoreFront，最终访问企业云桌面。以下介绍配置从企业外部经 NetScaler VPX 再访问 Citrix StoreFront 的具体步骤。

1）首先设置用户身份验证方式。在"Citrix StoreFront"对话框中，单击"应用商店"，再选择名为"i-zhishi-AppStore"的应用商店，如图 10-2-2-1 所示。

图 10-2-2-1　选择应用商店

2）单击右侧的"i-zhishi-AppStore"下方的"管理身份验证方法"选项，如图 10-2-2-2 所示；在"管理身份验证方法"对话框中选择"域直通"和"NetScaler Gateway 直通"，如图 10-2-2-3 所示；单击"确定"按钮，身份验证方法的设置已经完成，如图 10-2-2-4 所示。

图 10-2-2-2　选择管理身份验证方法　　　　图 10-2-2-3　选择验证方法

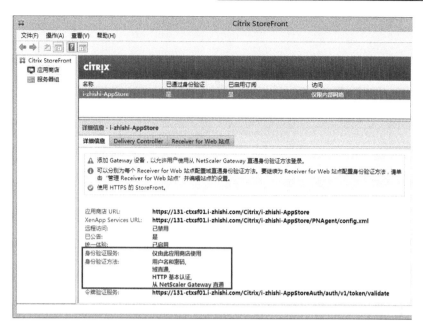

图 10-2-2-4　选择验证方法以后

3）接下来设置网关。单击右侧操作栏的"应用商店"下的"管理 NetScaler Gateway"命令，如图 10-2-2-5 所示，在"管理 NetScaler Gateway"对话框中单击"添加"按钮，如图 10-2-2-6 所示。

4）在"常规设置"对话框中，在显示名称中输入"NetScaler 11.0.0"，在 NetScaler Gateway URL(U)地址栏中输入"https://iCloud.i-zhishi.com"，如图 10-2-2-7 所示。此地址是 NetScaler 对 Internet 公布的网址，用户使用浏览器访问此网址，即可访问企业云桌面。单击"确定"按钮继续。

图 10-2-2-5　选择管理 NetScaler Gateway　　　　图 10-2-2-6　管理 NetScaler Gateway 窗口

图 10-2-2-7　在"常规设置"对话框中填写相关信息

5）在"添加 Secure Ticket Authority URL"对话框中的 STA URL（U）地址栏中输入"https:// 141-CTXDDC01.i-zhishi.com"，如图 10-2-2-8 所示，单击"确定"按钮；在"Secure Ticket Authority URL"对话框中可见输入的网址（通过负载均衡访问企业云桌面时需要安全认证的网址），如图 10-2-2-9 所示。单击"下一步"按钮继续。

图 10-2-2-8　填写 STA URL　　　　　　　图 10-2-2-9　配置 STA URL 完成

6）在"身份验证设置"对话框中，在回调 URL(U)地址栏中输入 URL 地址为"https:// iCloud.i-zhishi.com"，如图 10-2-2-10 所示。单击"创建"按钮继续。

7）在"摘要"对话框中，显示"已成功添加网关"NetScaler 11.0.0""，如图 10-2-2-11 所示，单击"完成"按钮继续。

图 10-2-2-10 配置回调 URL 地址

图 10-2-2-11 添加网关"NetScaler 11.0"成功

8）在"管理 NetScaler Gateway"对话框中，可见新添加的网关"NetScaler 11.0.0"，如图 10-2-2-12 所示，单击"关闭"按钮，完成添加网关的操作。

9）创建 NetScaler Gateway 网关后的最终结果如图 10-2-2-13 所示。

10）接下来配置远程访问设置。单击"i-zhishi-AppStore"下的"配置远程访问设置"命令，如图 10-2-2-14 所示。

11）在"配置远程访问设置 i-zhishi-AppStore"对话框中选择"启用远程访问"，再选择 NetScaler Gateway 设备为"NetScaler 11.0.0"，如图 10-2-2-15 所示，单击"确定"按钮之后，配置 NetScaler Gateway 设备完成，可见"远程访问"已配置为"已启用（无 VPN 通道）"，如图 10-2-2-16 所示。

图 10-2-2-12　NetScaler Gateway 添加完毕

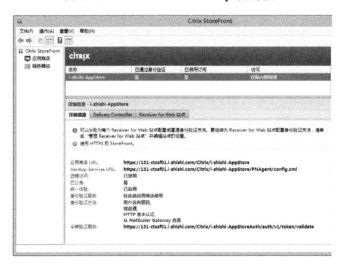

图 10-2-2-13　创建 NetScaler VPX11.0.0 网关完成

图 10-2-2-14　选择配置远程访问设置　　　　图 10-2-2-15　选择 NetScaler Gateway 设备

图 10-2-2-16　配置 NetScaler Gateway 设备完成

10.2.3　导入 NetScaler VPX 虚拟机

NetScaler VPX 是 NetScaler 的虚拟机，有面向 VMware vSphere、Hyper-V、Citrix Xen Server 多个版本，只需将 NetScaler VPX 虚拟机导入到 ESXi 主机，再进行相应设置就可以使用，不需要另外安装 NetScaler。

1）登录 vCenter 6.5 后，选择群集"Cluster-vSphere01"（目的是为了将 NetScaler VPX 11.0.0 放在此企业云桌面管理群集之中），右击鼠标，在弹出的命令菜单中选择"部署 OVF 模板"命令（OVF 指开放式虚拟机格式。通过 VMware vSphere Client，可以部署和导出以 OVF 格式存储的虚拟机、虚拟设备和 vAPP），如图 10-2-3-1 所示。

图 10-2-3-1　选择部署 OVF 模板

2）在"部署 OVF 模板"中的"选择模板"对话框中，选择"本地文件"，单击"浏览"按钮，如图 10-2-3-2 所示；在"文件上传"对话框中选择之前下载并解压的"NSVPX-ESX-11.0-68.10_nc. vof"等 3 个文件，如图 10-2-3-3 所示，单击"打开"按钮；选择完三个文件后的"选择模板"对话框如图 10-2-3-4 所示，之后单击"下一步"按钮继续。

图 10-2-3-2 选择本地文件

图 10-2-3-3 选择 3 个下载并解压的文件

图 10-2-3-4 单击"下一步"按钮继续

3）在"选择名称和位置"对话框中，将 NetScaler VPX 的名称改为规划中的名称"161-CTXNSVPX01.i-zhishi.com"，如图 10-2-3-5 所示，单击"下一步"按钮。

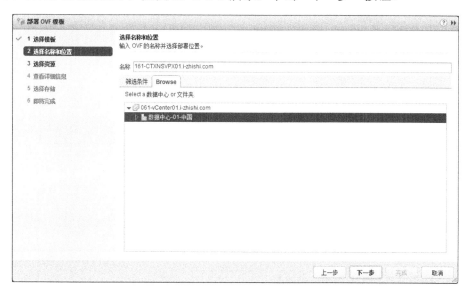

图 10-2-3-5　修改 NetScaler VPX 的名称

4）在"选择资源"对话框中，选择虚拟化主机"031-exsi01.i-zhishi.com"，如图 10-2-3-6 所示，单击"下一步"按钮；在"查看详细信息"对话框中，可见此模板机的信息，如图 10-2-3-7 所示，单击"下一步"按钮；在"选择存储"对话框中，选择"iSCSI-LUN1"，如图 10-2-3-8 所示，单击"下一步"按钮；在"选择网络"对话框中，选择"1-VM Network"，如图 10-2-3-9 所示，单击"下一步"按钮。

图 10-2-3-6　选择虚拟化主机

5）在"即将完成"对话框中，可见此虚拟机的具体配置，如图 10-2-3-10 所示，单击"完成"按钮。

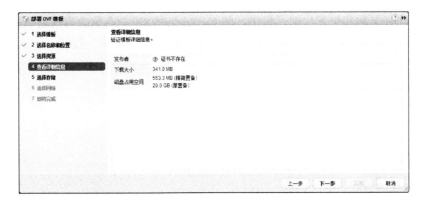

图 10-2-3-7　"查看详细信息"对话框

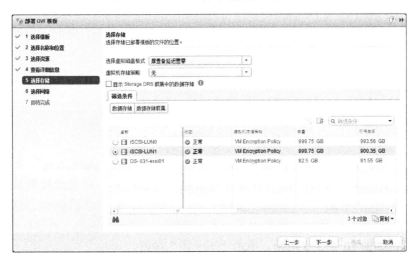

图 10-2-3-8　选择存储

图 10-2-3-9　选择网络

图 10-2-3-10　"即将完成"对话框

6）Citrix NetScaler VPX 11.0 虚拟机导入完成，单击"161-CTXNSVPX01.i-zhishi.com"这台虚拟机可查看其相应的配置，如图 10-2-3-11 所示。

图 10-2-3-11　查看 NetScaler VPX 11 虚拟机配置

10.2.4　NetScaler VPX 服务器的基本设置

NetScaler VPX 的虚拟机导入后，接下来是对其进行基本设置，其中包括计算机名、IP 地址、网关 IP 地址等的设置，设置完成后，才可以进行申请、审批、安装证书。

1）首先配置 NetScaler VPX 的计算机名称、IP 地址、网关等配置项。选择之前刚刚创建的、名为"161-CTXNSVPX01.i-zhishi.com"的虚拟机，并单击右侧"入门"选项卡中的"打开虚拟机电源"按钮，再单击"摘要"选项卡中的虚拟机窗口，打开如图 10-2-4-1 所示的虚拟机管理窗口。

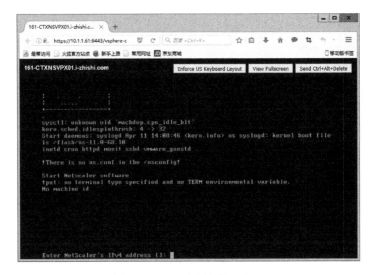

图 10-2-4-1　虚拟机管理窗口

2）在"Enter NetScaler's IPv4 address[]"处输入 NetScaler VPX 的 IP 地址为"10.1.1.161"，在"Enter Netmask []"处输入子网掩码为"255.255.255.0"，在"Enter Gateway IPv4 address []"处输入网关 IP 地址为"10.1.1.254"，之后在"Selectitem(1-4)[4]"处输入"4"，保存设置并退出，如图 10-2-4-2 所示；之后会显示 Login：登录提示符，如图 10-2-4-3 所示。

图 10-2-4-2　设置 IP 地址，选择保存并退出

图 10-2-4-3 "login"窗口

3）接下来配置 NetScaler 的子 IP 地址。在 IE 浏览器中输入 "http://10.1.1.161"，单击
〈Enter〉键，在 Citrix 登录界面中输入用户名和密码为 "nsroot" 和 "nsroot"，如图 10-2-4-4
所示；单击 "Login" 按钮，打开如图 10-2-4-5 所示的 "Citrix 用户体验增强程序" 页面，
单击 "Enable" 按钮；可见 NetScaler VPX 的各项基本配置，如图 10-2-4-6 所示。

图 10-2-4-4　Citrix 登录界面

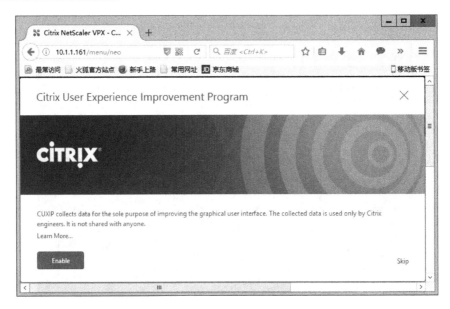

图 10-2-4-5　启用 Citrix 用户体验增强程序

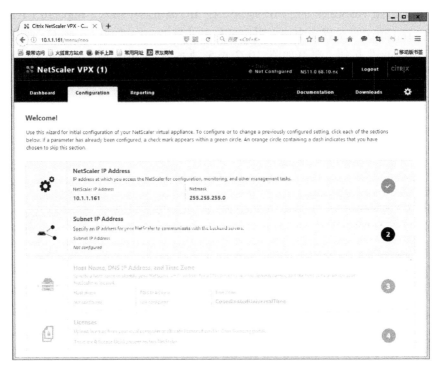

图 10-2-4-6　NetScaler VPX 的各项基本配置

4）在"Configurations"页面中，单击"Subnet IP Address"，在"Subnet IP Address"设置页面中设置子 IP 为"10.1.1.171"，设置完成后，单击"Done"按钮，如图 10-2-4-7 所示；在

"Configuration"页面中单击"Host Name、DNS、IP Address and Time Zone",如图 10-2-4-8 所示,设置 Host Name 为"161-CTXNSVPX01.i-zhishi.com",如图 10-2-4-9 所示,单击 "Done"按钮。

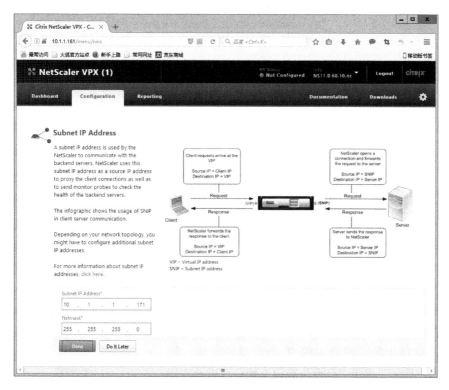

图 10-2-4-7　设置子 IP 地址

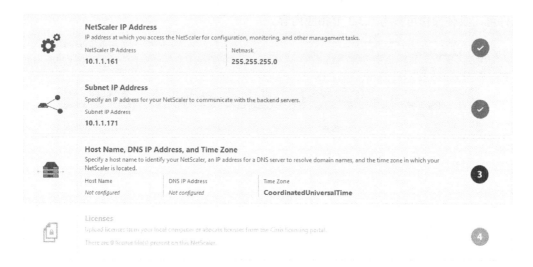

图 10-2-4-8　设置 IP 地址后

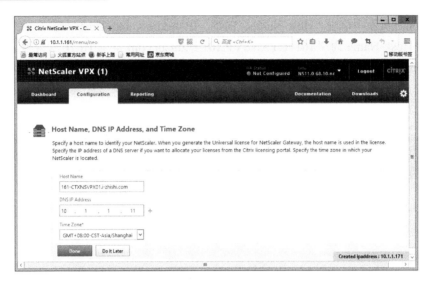

图 10-2-4-9 设置 Hostname，DNS IP Address，Time Zone

5）接下来上传 NetScaler VPX 的许可证。在"Confirm"对话框中，单击"Yes"按钮，如图 10-2-4-10 所示，重启 NetScaler VPX 之后再次登录，在"Configuration"页面中单击"Licenses"，在"Licenses"页面中选中"Upload license files"选项，上传许可证文件，如图10-2-4-11 所示，单击"Browse"按钮，选择"文件上传"窗口中的 3 个许可证文件，如图10-2-4-12 所示，单击"打开"按钮上传；许可证文件上传成功后，"Configuration"页面如图 10-2-4-13 所示。注意：此处上传的许可证可以在 Citrix 官方网站上申请测试许可，具体操作可参考 6.3.3 节相应内容。

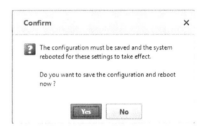

图 10-2-4-10 单击"Yes"按钮

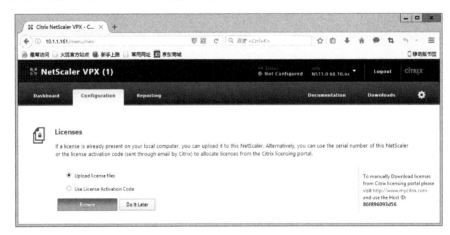

图 10-2-4-11 上传 Licenses 许可证文件

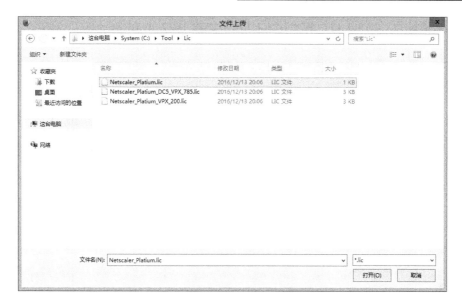

图 10-2-4-12　选择 3 个许可证文件并上传

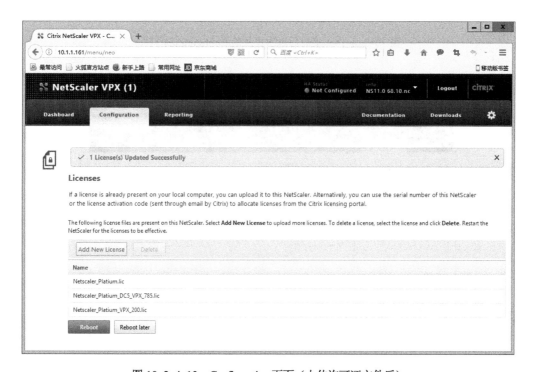

图 10-2-4-13　Configuration 页面（上传许可证文件后）

6）单击"Reboot"按钮重启 NetScaler VPX 后，再次登录 Configuration 页面，如图 10-2-4-14 所示；再单击右侧的"System"–"Licenses"选项，可见导入的各项许可证，如图 10-2-4-15 所示；单击"Traffic Management"–"DNS"–"Name Servers"选项，此处可见 Name

Server 的 IP 地址为"10.1.1.11"和"10.1.1.12"，如图 10-2-4-16 所示。

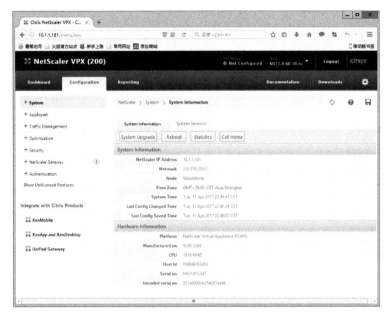

图 10-2-4-14　重启后再次登录的 Configuration 页面

图 10-2-4-15　Licenses 情况

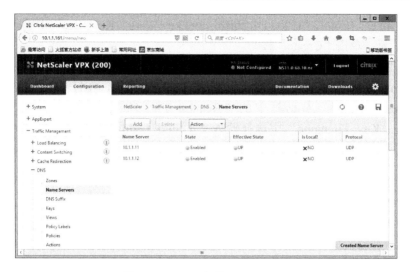

图 10-2-4-16　查看 Name Servers

以上是对 NetScaler VPX 的基本设置，接下来将为 NetScaler VPX 申请证书。

10.2.5　为 NetScaler VPX 服务器申请证书

通过 NetScaler VPX 发布虚拟桌面时，采用的是 https 的方式来发布，应用 https 需要使用证书，所以需为此项发布申请并审批一张证书，并将证书安装到 NetScaler VPX 服务器上面，NetScaler VPX 的服务器才可以处于信任状态，方可进行后续操作。本节就将介绍如何为 NetScaler VPX 服务器申请证书。

1）单击"Traffic Management"–"SSL"，如图 10-2-5-1 所示；单击右侧"SSL Keys"中的"Create RSA key"命令，如图 10-2-5-2 所示，在"Create RSA key"对话框中

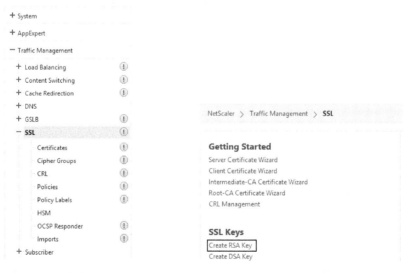

图 10-2-5-1　选择 SSL 选项　　　　图 10-2-5-2　选择 Create RSA Key

的"Key FileNmae"中输入"iCloud_i-zhishi_com.key",在"Key Size"中输入"2048",如图 10-2-5-3 所示,单击"Create"按钮。

2)单击"Traffic Management" - "SSL",单击右侧 SSL Certificates 栏下的"Create Certificate Signing Request(CSR)"命令,如图 10-2-5-4 所示,在打开的"Create Certificate Signing Request(CSR)"对话框中的"Request File Name"中输入"iCloud_i-zhishi_com.req",在"Key Filename"中选择输入"iCloud_i-zhishi_com.key",如图 10-2-5-5 所示。

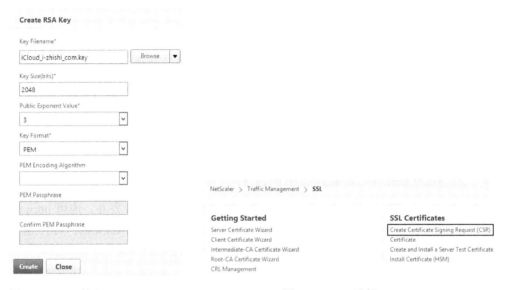

图 10-2-5-3　输入 Key FileName　　　　　　　图 10-2-5-4　选择 Create CSR

3)在"Distinguished Name Fields"中输入证书信息,如图 10-2-5-6 所示;填写信息后,

图 10-2-5-5　选择相应的证书文件　　　　　　　图 10-2-5-6　输入证书信息

274

向下拉动右侧滚动条,如图 10-2-5-7 所示;单击"Create"按钮创建证书申请文件,证书申请文件创建成功后的提示如图 10-2-5-8 所示。

图 10-2-5-7 单击"Create"按钮

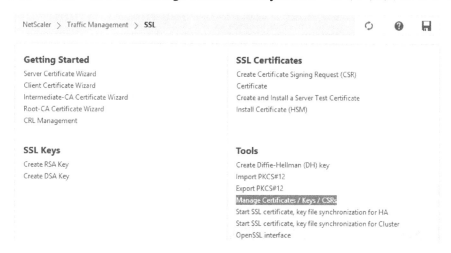

图 10-2-5-8 证书请求文件创建完成

4)单击"Tools"栏中的"Manage Certificates/Keys/CSRs"命令,如图 10-2-5-9 所示,

NetScaler > Traffic Management > SSL

Getting Started
Server Certificate Wizard
Client Certificate Wizard
Intermediate-CA Certificate Wizard
Root-CA Certificate Wizard
CRL Management

SSL Keys
Create RSA Key
Create DSA Key

SSL Certificates
Create Certificate Signing Request (CSR)
Certificate
Create and Install a Server Test Certificate
Install Certificate (HSM)

Tools
Create Diffie-Hellman (DH) key
Import PKCS#12
Export PKCS#12
Manage Certificates / Keys / CSRs
Start SSL certificate, key file synchronization for HA
Start SSL certificate, key file synchronization for Cluster
OpenSSL interface

图 10-2-5-9 选择"Manage Certificates/Keys/CSRs"命令

在"Manage Certificates"对话框中选择"iCloud.i-zhishi.com.req",如图 10-2-5-10 所示,再单击"View"按钮,证书申请文件中的内容如图 10-2-5-11 所示。注意:此证书申请文件已产生,可以通过内部证书颁发机构申请审批证书,也可以通过公网证书颁发机构申请审批证书。

至此证书申请完成,接下来将为 NetScaler VPX 服务器进行证书审批的操作。

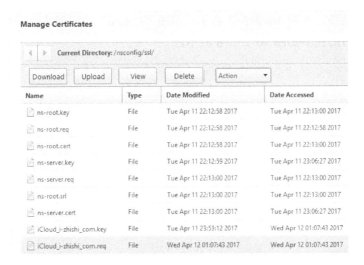

图 10-2-5-10　选择证书申请文件

图 10-2-5-11　选择 View，显示证书申请文件内容

10.2.6　为 NetScaler VPX 服务器审批证书

证书的审批可以是公网证书颁发机构，也可以是私网证书颁发机构，审核过程大同小异，在此，本节讲解通过内部证书颁发机构审批 NetScaler VPX 服务器证书。NetScaler 服务器证书的审批步骤如下。

1）在浏览器中访问"https://013-CA01.i-zhishi.com:44444/certsrv"，在"欢迎使用"页面的"选择一个任务"下选择"申请证书"，如图 10-2-6-1 所示。注意，必须使用域管理员登录才能申请证书，（普通用户无权限申请）。

2）在"申请一个证书"页面中选择"高级证书申请"，如图 10-2-6-2 所示。

3）在"高级证书申请"页面中选择"使用 base64 编码的 CMC 或 PKCS#10 文件提交一

个证书申请，或使用 base64 编码的 PKCS#7 文件续订证书申请"，如图 10-2-6-3 所示。

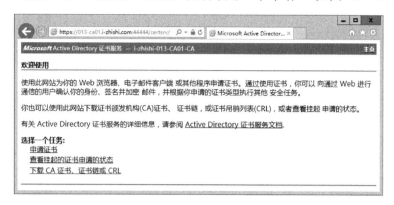

图 10-2-6-1　选择申请证书

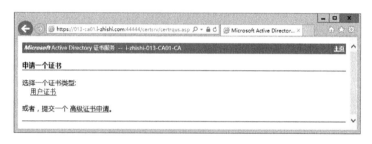

图 10-2-6-2　选择高级证书申请

图 10-2-6-3　选择 base64 编码

4）在"提交一个证书申请或续订申请"页面中，将上一节生成的证书申请文件内容粘贴于"保存的申请"文本框中，"证书模板"选择"Web 服务器"，如图 10-2-6-4 所示。单击"提交"按钮，在如图 10-2-6-5 所示的"Web 访问确认"对话框中单击"是"按钮，在如图 10-2-6-6 所示的"证书已颁发"页面中，单击"下载证书"；将下载的证书文件另存为名为"iCloud_i-zhishi_com"的证书文件，如图 10-2-6-7 所示。

5）返回到 NetScaler VPX 的"Manage Certificates"对话框，单击"Upload"按钮，如图 10-2-6-8 所示；在"文件上传"对话框中，选择证书"iCloud_i-zhishi_com.cer"，如图 10-2-6-9 所示，单击"打开"按钮进行上传；返回"Manage Certificates"对话框，证书

已上传成功，如图 10-2-6-10 所示。

图 10-2-6-4　粘贴内容，选择 Web 服务器

图 10-2-6-5　选择"是"按钮

图 10-2-6-6　选择"下载证书"

图 10-2-6-7　下载完成的证书文件

6）访问证书申请页面，在"欢迎"页面中，单击"下载 CA 证书、证书链或 CRL"，如图 10-2-6-11 所示；在"下载 CA 证书、证书链或 CRL"页面中，选择"下载 CA 证书"，如图 10-2-6-12 所示；将 CA 证书下载并另存为名为"iCloud_i-zhishi_com_Root.cer"证书

文件，如图 10-2-6-13 所示；之后将该证书上传，上传成功后的"Manager Certificate"对话框如图 10-2-6-14 所示。

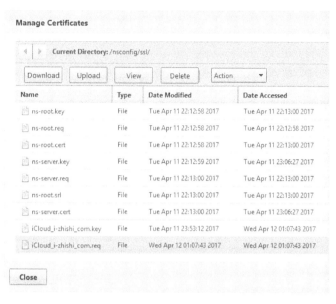

图 10-2-6-8　单击"Upload"按钮

图 10-2-6-9　选择证书文件并上传

至此，证书的申请与审批已完成，并上传至 NetScaler VPX 服务器，接下来为 NetScaler VPX 服务器安装证书。

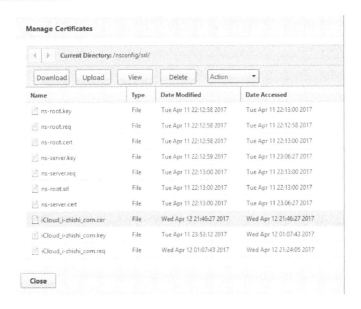

图 10-2-6-10　证书已上传

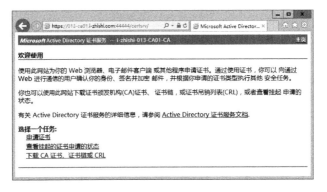

图 10-2-6-11　选择证书申请页面，选择下载 CA 证书

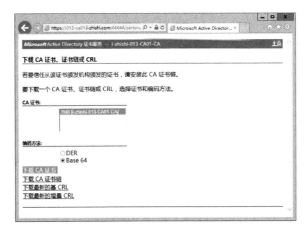

图 10-2-6-12　选择 Base 64，并选择下载 CA 证书

图 10-2-6-13　修改要下载的 CA 证书文件名

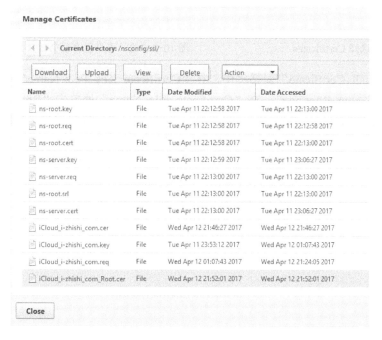

图 10-2-6-14　上传证书完成

10.2.7　为 NetScaler VPX 服务器安装证书

接下来讲解如何在 NetScaler VPX 服务器上面安装证书，在此处安装证书与在 IIS 上安装证书有些不同。安装证书后，注意检查安装的证书是否生效。

1）单击“Traffic Management”，再单击“SSL”，选择“Certificates”，如图 10-2-7-1 所示，在右侧的窗口中可见目前已有证书，如图 10-2-7-2 所示，单击“Install”按钮继续安装证书。

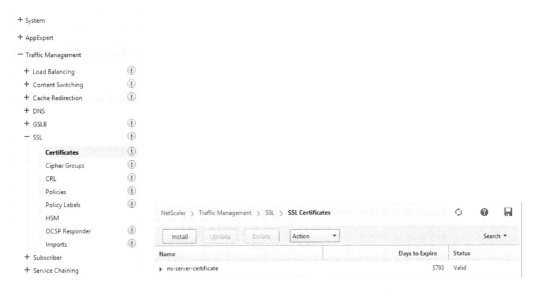

图 10-2-7-1　选择 Certificates　　　　　图 10-2-7-2　可见已有证书

2）在"Install Certificate"对话框中，在"Certificate-Key Pair Name"中填写证书名为"iCloud_i_zhishi_com_Root.pair"，在"Certificate File Name"处单击"Brower"按钮，选择名为"iCloud_i_zhishi_com_Root.Cer"的证书，单击"Install"按钮安装，如图 10-2-7-3 所示，安装完成后可见新增了一个证书，如图 10-2-7-4 所示。

图 10-2-7-3　选择证书信息

图 10-2-7-4　新增了一个证书

3）同样的方法安装另一个 CA 证书，在"Install　Certificate"对话框中，在"Certificate-Key　Pair　Name"中填写证书名为"iCloud_i_zhishi_com.pair"，在"Certificate File　Name"和"Key　File　Name"处，分别单击"Brower"，选择名为"iCloud_i_zhishi_com.cer"和"iCloud_i_zhishi_com.key"的证书，如图 10-2-7-5 所示，单击"Install"按钮进行安装；安装证书后，如图 10-2-7-6 所示，在 SSL-Certificates 中，可以看到前面添加的两个证书的匹配名已罗列其中，Status 下面状态为 Valid，说明证书已经生效。

图 10-2-7-5　选择证书信息

图 10-2-7-6　新增了两个证书

到此 NetScaler VPX 已配置完成，接下来讲解如何通过 NetScaler VPX 发布企业云桌面。

10.3 通过 NetScaler VPX 发布企业云桌面

通过上一节完成了 NetScaler VPX 的基本配置，虚拟机的导入，证书的申请、审批、安装等操作，实现了 NetScaler VPX 服务器的部署。本节将通过 NetScaler VPX 发布企业云桌面，并在 Intranet 上测试企业云桌面的使用。

10.3.1 通过配置向导发布云桌面

本节讲解通过 Citrix NetScaler VPX 配置向导发布企业云桌面的具体步骤。

1）访问"https://10.1.1.161"，打开 NetScaler VPX 管理页面，选择左下侧的"XenApp and XenDesktop"，如图 10-3-1-1 所示，单击"XenApp and XenDesktop"按钮，在"NetScaler for XenApp and XenDesktop"对话框中，单击"GetStarted"按钮，如图 10-3-1-2 所示。

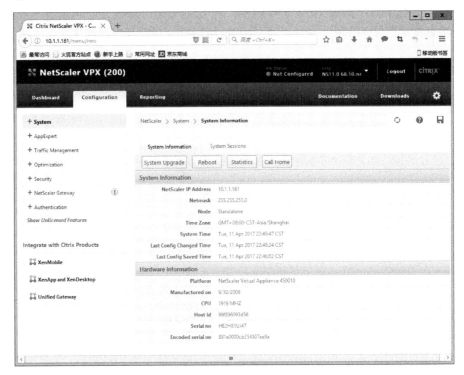

图 10-3-1-1　访问 VPX 11.0 管理界面

2）在"What is your Citrix Integration Point"处，选择"StoreFront"，如图 10-3-1-3 所示，单击"Continue"按钮。注意：此处是通过 NetScaler 发布 StoreFront，用户通过 NetScaler VPX 访问 StoreFront，再访问云桌面。

3）在"NetScaler Gateway Settings"对话框中，"NetScaler Gateway IP Address"处输入"10.1.1.181"，在"Virtual Server Name"处输入"iCloud.i-zhishi.com"，如图 10-3-1-4 所示，单击"Continue"按钮。注意：此处"10.1.1.181"这个 IP 地址将在后面通过防火墙将

443 端口发布到 Internet，访问企业云桌面在 Internet 上使用的域名"iCloud.i-zhishi.com"将在后面通过在公网上面新建的 A 记录对应，方便通过 Internet 访问该域名并最终访问企业云桌面。

图 10-3-1-2　单击"Get Started"按钮

4）在"Server Certificate"选项中，选择上节中安装的证书"iCloud_i-zhishi_com. pair"，如图 10-3-1-5 所示，单击"Continue"按钮继续。

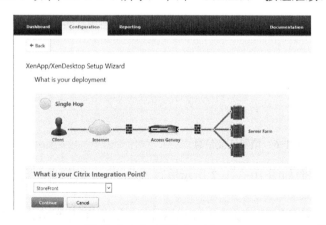

图 10-3-1-3　选择 StoreFront

图 10-3-1-4　填写负载均衡服务的 IP 地址，端口，虚拟服务器名

图 10-3-1-5　选择证书

5) 在"Authentication"对话框中，按图 10-3-1-6 所示填写认证信息，设置完成后单击"Continue"按钮继续。

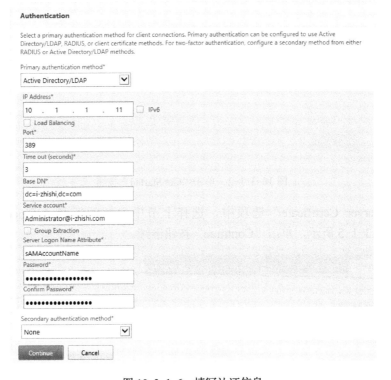

图 10-3-1-6　填写认证信息

6) 在"StoreFront"对话框中，按照如图 10-3-1-7 所示填写 StoreFront 的信息，完成之后单击"Continue"按钮继续。

7) 在"Xen Farm"选项中，保持默认设置不变，如图 10-3-1-8 所示，单击"Continue"按钮继续。

图 10-3-1-7　填写 StoreFront 的信息

图 10-3-1-8　"Xen Farm"选项

8）以上各项设置完成后，NetScaler Gateway Settings 设置界面如图 10-3-1-9 所示，单击"Done"按钮完成此项设置。

9）通过 Citrix NetScaler VPX 发布企业云桌面完成，如图 10-3-1-10 所示。

图 10-3-1-9 单击"Done"按钮完成设置

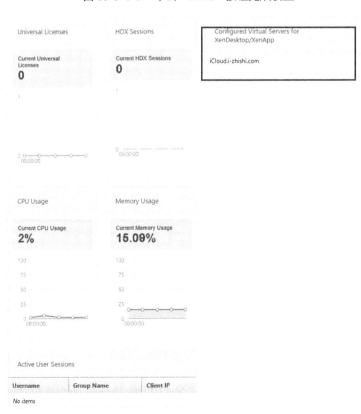

图 10-3-1-10 通过 Citrix NetScaler VPX 发布企业云桌面完成

接下来将介绍在企业内部局域网环境中如何访问企业云桌面。

10.3.2 通过浏览器在企业局域网环境中访问云桌面

本节介绍通过浏览器在企业局域网环境中访问云桌面。在下一小节将发布云桌面到 Internet，实现用户从外部访问。

1）首先登录云桌面。在浏览器中输入企业云桌面的地址"https://iCloud.i-zhishi.com"，如图 10-3-2-1 所示，会提示"您的连接不安全"。接下来单击"高级"按钮，在如图 10-3-2-2 所示对话框中，单击"添加例外"按钮，在"添加安全例外"对话框中，单击"确认安全例外"，如图 10-3-2-3 所示。注意：如果使用公网证书，就不会报警告。

图 10-3-2-1 访问企业云桌面网址

图 10-3-2-2 选择添加例外

图 10-3-2-3 选择确认安全例外

2）接下来继续登录。在登录页面中，输入用户名"IT01"，密码"Aa123456"，如图 10-3-2-4 所示，单击"Log On"按钮。

3）在"安装 Citrix Receiver 以访问您的应用程序"页面中，选择"我同意"，如图 10-3-2-5

所示，单击"安装"按钮，依照提示下载并保存"CitrixReceiverWeb.exe"文件。

图 10-3-2-4　输入用户名和密码

图 10-3-2-5　选择安装

4）单击"CitrixReceiverWeb.exe"，在"打开文件-安全警告"对话框中，单击"运行"按钮，如图 10-3-2-6 所示。根据提示完成 Citrix Receiver 的安装。

图 10-3-2-6　选择运行 CitrixReceiverWeb.exe

5）再次访问企业云桌面网址并登录，如图 10-3-2-7 所示。登录成功后，选择"桌面"，

图 10-3-2-7　输入用户名和密码，选择登录

如图 10-3-2-8 所示，单击"云桌面-01-IT"图标，即可进入企业云桌面，如图 10-3-2-9 所示；单击"应用程序"，可以看见发布的程序，只需要单击相应应用程序图标即可使用，如图 10-3-2-10 所示。

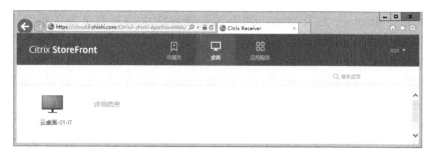

图 10-3-2-8　选择桌面

图 10-3-2-9　成功登录企业云桌面

图 10-3-2-10　安装的各个应用程序

10.3.3 通过硬件防火墙发布 NetScaler VPX 到 Internet

通过 NetScaler VPX 发布企业云桌面后，在内部局域网可以访问企业云桌面，如果要在 Internet 上面也能访问，需要在防火墙上面做端口映射。因为为了安全起见，任何服务器都不允许直接通过 Internet 进行访问，需要通过硬件防火墙将服务器的端口映射发布到 Internet，以下为具体操作步骤。

1）企业云桌面在 Internet 上面访问，首先通过 NetScaler VPX 11.0 将 StoreFront 发布，再通过硬件防火墙将 NetScaler VPX 11.0 的虚拟 IP 地址 10.1.1.181 的 443 端口映射到公网 IP 地址的 443 端口，如图 10-3-3-1 所示。

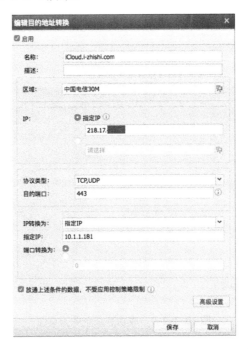

图 10-3-3-1　将内部 IP 的 443 做端口映射到公网 IP 的 443

2）新建公网 A 记录"iCloud"，以对应公网 IP 地址，如图 10-3-3-2 所示。

图 10-3-3-2　新建公网 A 记录

对 Internet 发布 NetScaler VPX，只需要以上两步就可以完成，如果企业环境复杂，需要再根据实际情况考虑。

10.3.4 通过浏览器在 Internet 上访问企业云桌面

在 Intranet 中访问企业云桌面的时候，如果是加入了域的客户端，不需要单独配置证书，如果客户端没有加入域，需要安装"iCloud_i-zhishi_com-Root. cer"证书。通过 Internet 访问企业云桌面时也需要安装此证书。通过 Internet 访问企业云桌面时，还需要将企业云桌面的网址加入到受信任的站点中，否则无法 Internet 通过浏览器访问企业云桌面。

以下是具体的配置步骤。

1）在使用企业云桌面时，如果企业购买过公网证书，就不需要导入证书，如果企业云桌面使用企业自建的证书颁发机构颁发的证书，需要在没有加域的台式机和各类移动设备的客户端上导入根证书 iCloud_i-zhishi_com-Root.cer。首先下载根证书，如图 10-3-4-1 所示。

图 10-3-4-1　下载根证书

2）按〈Windows 键+R〉组合键，在"运行"对话框中输入"mmc"，单击"确定"按钮，如图 10-3-4-2 所示；在"控制台 1"对话框中，单击"文件"菜单，再选择"添加或删除管理单元"，如图 10-3-4-3 所示。

图 10-3-4-2　在开始运行中输入 mmc　　　　图 10-3-4-3　在文件中选择添加和删除管理单元

3）在"添加或删除管理单元"对话框中，选择"可用的管理单元"中的"证书"项，再单击"添加"按钮，将其加入"所选管理单元"中，如图 10-3-4-4 所示，之后单击"确定"按钮。

4）在"证书管理单元"对话框中，选择"计算机帐户"，如图 10-3-4-5 所示，单击"下一步"按钮继续。注意：此处不能选择"我的用户帐户"，否则可能会造成用户不能访问企业云桌面。

图 10-3-4-4　选择"证书"

图 10-3-4-5　选择"计算机帐户"

5）在"添加计算机"对话框中，选择"本地计算机"，如图 10-3-4-6 所示，单击"完成"按钮继续。

6）返回"添加或删除管理单元"对话框，如图 10-3-4-7 所示，单击"确定"按钮完成此项设置。

图 10-3-4-6　选择"本地计算机"

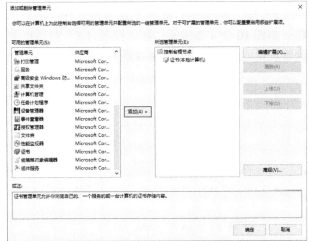

图 10-3-4-7　完成设置

7）返回"控制台 1"对话框，选择"证书（本地计算机）"—"受信任的根证书颁发机构"—"证书"项，如图 10-3-4-8 所示；右击鼠标，再选择"导入"命令，打开"证书导入向导"对话框中的"欢迎使用证书导入向导"对话框，如图 10-3-4-9 所示，单击"下一步"按钮继续。

8）在"要导入的文件"对话框中，单击"浏览"按钮，找到根证书后，单击"打开"

按钮，导入该证书，如图 10-3-4-10 所示，单击"下一步"按钮继续。

图 10-3-4-8　选择"证书"选项

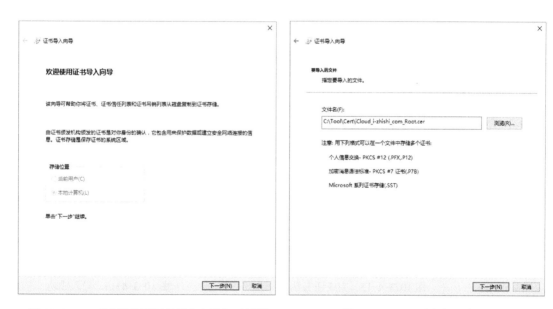

图 10-3-4-9　"欢迎使用证书导入向导"对话框　　　　图 10-3-4-10　选择根证书

9）在"证书存储"对话框中，保持默认设置，如图 10-3-4-11 所示，单击"下一步"按钮继续。

10）在"正在完成证书导入向导"对话框中，单击"完成"按钮，如图 10-3-4-12 所示；之后会弹出"导入成功"提示框，如图 10-3-4-13 所示，单击"确定"按钮完成根证书导入。

图 10-3-4-11　设置证书存储

图 10-3-4-12　完成证书导入

图 10-3-4-13　导入成功

　　11）根证书导入完成后，可见导入的名为"i-zhishi-013-CA01-CA"的根证书，如图 10-3-4-14 所示。

　　12）打开浏览器，单击右上角的"工具"栏，再选择"Internet 选项"，在"Internet 选项"对话框中，单击"安全"选项卡；选择"受信任的站点"，如图 10-3-4-15 所示；单击"站点"，在"受信任的站点"对话框中添加名为"https://iCloud.izhishi.com"的站点，如图 10-3-4-16 所示，单击"关闭"按钮。

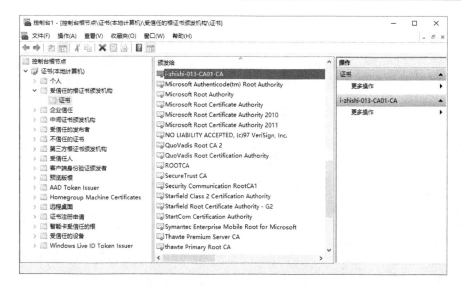

图 10-3-4-14　可见导入的根证书

图 10-3-4-15　选择"受信任的站点"

图 10-3-4-16　将"https://iCloud.i-zhishi.com"添加
到受信任的站点

13）通过浏览器在 Internet 环境中访问企业云桌面的网址"https://iCloud.i-zhishi.com"，填写用户名和密码，单击"Log On"按钮登录，如图 10-3-4-17 所示；打开的企业云桌面如图 10-3-4-18 所示。

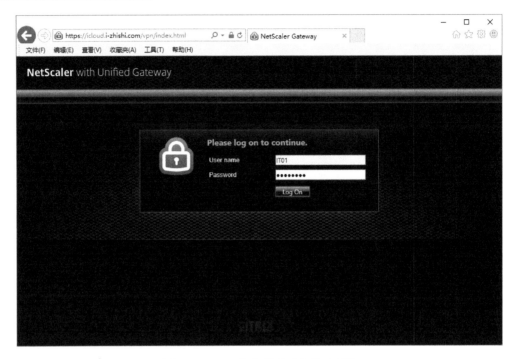

图 10-3-4-17　访问并登录企业云桌面

14）选择"应用程序"，可见发布的 Office 2013 的应用程序，如图 10-3-4-18 所示。

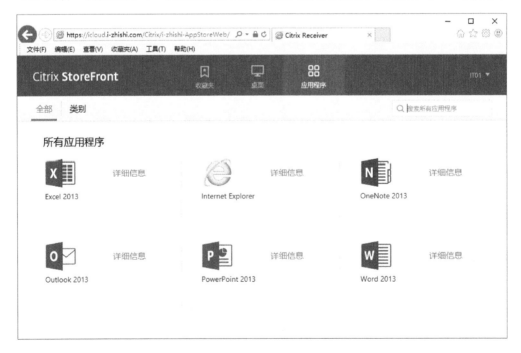

图 10-3-4-18　打开的企业云桌面

10.4　配置企业云客户端 Dell Wyse T10

在前面介绍的内容中，访问企业云桌面都是通过浏览器方式进行的，但是在很多企业内部访问企业云桌面时，是基于客户端进行访问的。本节中将讲解如何通过配置云客户端直接访问企业云桌面（云客户端采 DELL Wyse T10 瘦客户机）。

10.4.1　准备工作

在配置云客户端时，需要提前做准备工作，比如准备好内部的 A 记录，端口开放等，目的是为了企业云桌面的客户端访问企业云桌面的时候做地址解析，从而能够正常访问。本节中将讲解需要做的准备工作。

1）内网 A 记录表如表 10-4-1-1 所示；内网 A 记录图如图 10-4-1-1 所示。

表 10-4-1-1　内网 A 记录表

编　号	名　　　称	IP	备　　注
1	iCloud.i-zhishi.com	10.1.1.181	内部局域网访问云桌面的 DNS 的 A 记录
2	131-CTXSF01.i-zhishi.com	10.1.1.131	外部网访问云桌面的 DNS 的 A 记录
3	FTP-Wyse-LAN.i-zhishi.com	10.1.1.111	云终端 FTP 内部 A 记录

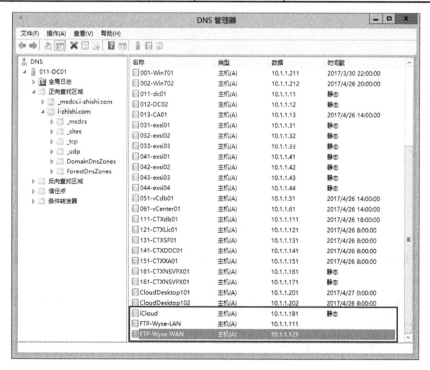

图 10-4-1-1　内网 A 记录图

2）在内部使用的网址如表 10-4-1-2 所示。

表 10-4-1-2　内部使用的网址表

编号	网　　址	用　户　名	密　　码	备　注
1	https://iCloud.i-zhishi.com	IT01/IT02	Aa123456	云桌面浏览器访问
2	https://013-CA01.i-zhishi.com:44444/certsrv	IT01/IT02	Aa123456	云桌面证书
3	ftp://FTP-Wyse-LAN.i-zhishi.com			云桌面瘦客户端-LAN

3）提前做好以上两项工作，在企业内网就可正常进行其他配置了。

10.4.2　启用 XenApp Services 支持

使用云客户端访问云桌面与使用浏览器访问时在 Citrix StoreFront 的配置上面有些区别，本节中将讲解为企业云客户端配置 Citrix StoreFront。

1）在"Citrix StoreFront"管理主界面中，单击"应用商店"，再单击"i-zhishi-AppStore"，如图 10-4-2-1 所示；在右侧操作栏中选择"配置 XenApp Services 支持"，如图 10-4-2-2 所示。

图 10-4-2-1　选择应用商店"i-zhishi-AppStore"　　图 10-4-2-2　选择配置"XenApp Services 支持"

2）在"配置 XenApp Services 支持"对话框中选择"启用 XenApp Services 支持"，如图 10-4-2-3 所示，单击"确定"按钮。

3）启用 XenApp Services 支持完成后，如图 10-4-2-4 所示，可见已配置了 XenApp Services URL 地址。

4）通过浏览器访问网址 https://131-ctxsf01.i-zhishi.com/Citrix/i-zhishi-AppStore/PNAgent/config.xml 后如图 10-4-2-5 所示，代表配置已正常。

图 10-4-2-3　选择"启用 XenApp Services 支持"

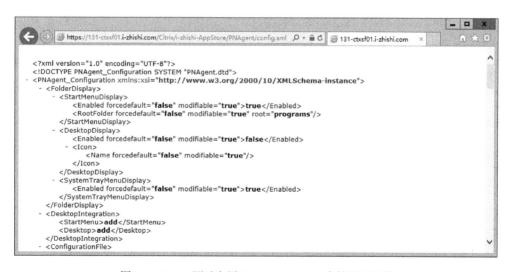

图 10-4-2-4　启用 XenApp Services 支持完成后

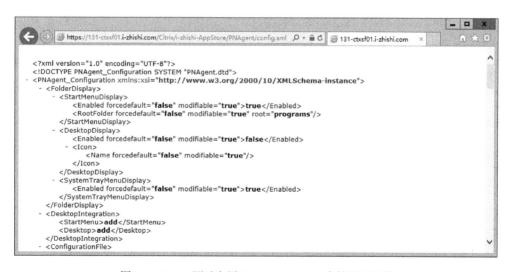

图 10-4-2-5　测试启用 XenApp Services 支持是否正常

10.4.3　配置内部 FTP 服务器

企业云桌面的云客户端 Wyse T10 在企业内部接入网络就可以使用，这需要借助于 FTP 服务器来实现。企业云桌面的客户端通过 DHCP 在 FTP 服务器上面下载所有的配置信息进行云桌面的自动配置，配置完成后，只需要在企业云桌面客户端登录界面中输入用户名和密码即可登录企业云桌面。本节将介绍如何配置这个内部的 FTP 服务器。

1．安装 FTP 服务器

1）将内部 FTP 服务器部署在名为"011-CTXdb01.i-zhishi.com"的主机上面，这台主机的计算机名和 IP 地址如图 10-4-3-1 所示。

图 10-4-3-1　查看"011-CTXdb01.i-zhishi.com"主机的计算机名和 IP 地址

2）选择"服务器管理器"，再选择"仪表板"，然后选择"添加角色和功能向导"，打开如图 10-4-3-2 所示的"添加角色和功能向导"对话框，单击"下一步"按钮继续。

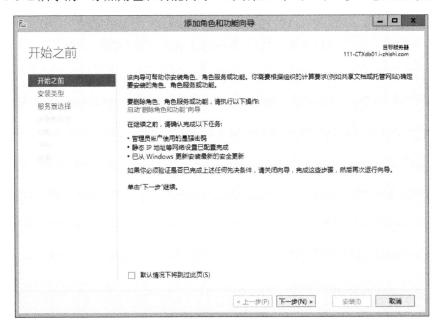

图 10-4-3-2　"添加角色和功能向导"对话框

3）在"服务器选择"页面中，选择"011-CTXdb01.i-zhishi.com"，如图 10-4-3-3 所示，单击"下一步"按钮继续。

图 10-4-3-3　选择服务器

4）在"服务器角色"页面中，选择"Web 服务器（IIS）"，如图 10-4-3-4 所示，单击"下一步"按钮继续。

图 10-4-3-4　选择服务器角色为"Web 服务器（IIS）"

5）在"功能"对话框中，单击"添加功能"按钮，如图10-4-3-5所示。

图 10-4-3-5　选择添加功能

6）选择"Web 服务器（IIS）"，如图 10-4-3-6 所示，单击"下一步"按钮继续。

图 10-4-3-6　选择 Web 服务器 IIS

7）在"选择功能"页面中，保持默认选项不变，如图 10-4-3-7 所示，单击"下一步"按钮继续。

图 10-4-3-7　选择功能

8）在"Web 服务器角色（IIS）"页面中，单击"下一步"按钮继续，如图 10-4-3-8 所示。

图 10-4-3-8　选择 Web 服务器（IIS）

9）在"角色服务"页面中，保持默认选项不变，单击"下一步"按钮继续，如图 10-4-3-9 所示。

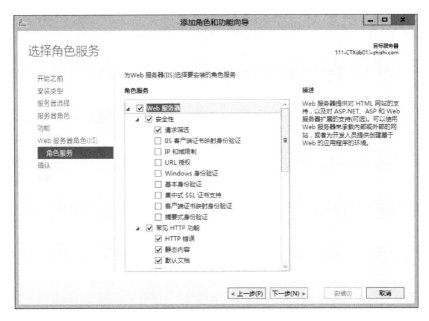

图 10-4-3-9　选择角色服务

10）选择"FTP 服务器"，再选中"FTP 服务"和"FTP 扩展"两个选项，如图 10-4-3-10 所示，单击"下一步"按钮继续。

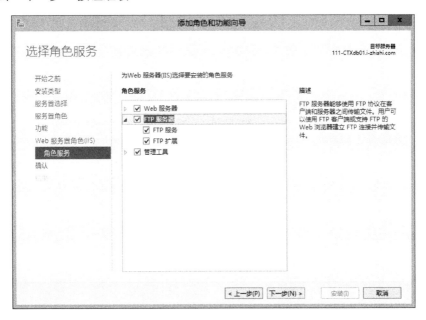

图 10-4-3-10　选择 FTP 服务器

11）在"确认"页面中，检查所有配置是否正常，如图 10-4-3-11 所示，单击"安装"按钮。

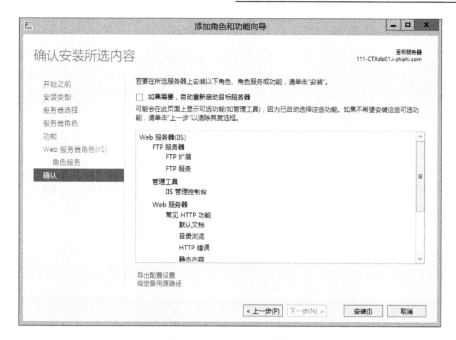

图 10-4-3-11　选择安装

12）在"结果"页面中，单击"关闭"按钮确认安装成功，如图 10-4-3-12 所示。

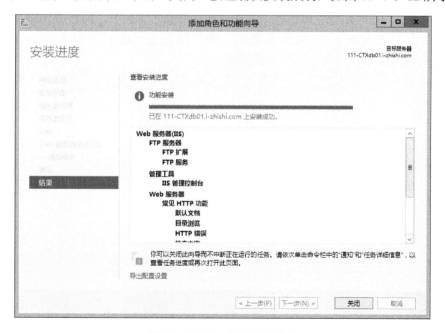

图 10-4-3-12　确认安装成功

2. 配置 FTP 服务器

1）单击"服务器管理器"中"管理工具"，再单击"Internet Information Services(IIS)管

理器"，如图 10-4-3-13 所示。

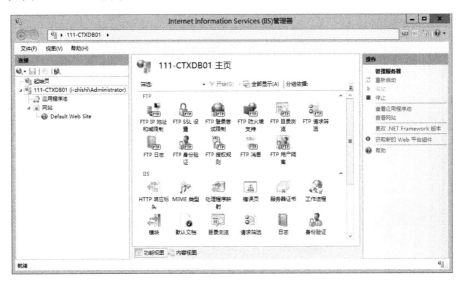

图 10-4-3-13　选择 IIS

2）单击选中"111-CTXDB01"后右击鼠标，在命令菜单中单击"添加 FTP 站点"，如图 10-4-3-14 所示。

3）在"添加 FTP 站点"对话框中，在"站点信息"页面中，FTP 站点设置为"FTP-Wyse-LAN"，代表内部 FTP 服务器名称，物理路径为"D:\FTP\FTP-Wyse-LAN"，如图 10-4-3-15 所示，单击"下一步"按钮继续。

图 10-4-3-14　选择添加 FTP 站点

图 10-4-3-15　设置 FTP 站点名称和物理路径

4）在"绑定和 SSL 设置"页面中，IP 地址设置为"全部未分配"，端口设置为"21"，

SSL 设置 "无 SSL",如图 10-4-3-16 所示,单击 "下一步" 按钮继续。

图 10-4-3-16　绑定和 SSL 设置中设置相应参数

5) 在 "身份验证和授权信息" 页面中,各项设置如图 10-4-3-17 所示,单击 "完成" 按钮继续。

图 10-4-3-17　设置身份验证、授权、权限

6) FTP 服务器安装和配置完成,如图 10-4-3-18 所示。

3. 访问 FTP 服务器

1) 在浏览器中访问 "ftp://FTP-Wyse-LAN.i-zhishi.com",访问结果如图 10-4-3-19 所示,说明 FTP 服务器已配置正常;单击 "Wyse" 进入 Wyse 的目录,如图 10-4-3-20 所示,

至此，说明 FTP 服务器基本配置完成。

图 10-4-3-18　FTP 安装配置完成

图 10-4-3-19　访问 FTP

图 10-4-3-20　选择 Wyse

2）为了企业云桌面客户端 Wyse T10 能正常使用，需要修改 wnos.ini 文件。此文件存放在 FTP 服务器的 Wyse 目录下，如不修改下列配置，企业客户端不能获取到服务器的相关配置，无法正常自动配置企业云桌面客户端，也就无法正常使用云桌面。具体修改的语句参考如下。

```
#配置 DNS 服务器，DNS 域
DNSIPVersion=ipv4    DNSServer=10.1.1.11    DNSDomain=i-zhishi.com
#配置域列表
domainlist=i-zhishi.com
```

```
#配置云客户端访问的网址
PNLiteServer=https://131-ctxsf01.i-zhishi.com/Citrix/i-zhishi-AppStore/PNAgent/config.xml
#导入证书
AddCertificate=iCloud_i-zhishi_com_Root.cer
WDMService=no DHCPinform=no DNSLookup=no
Service=vncd disable=no
MaxVNCD=1
vncpassword=Wyse
#设置时间服务器
Timeserver=10.1.1.11
#设置时间格式
Timeformat="24-hour format"
#设置时期格式
Dateformat=mm/dd/yyyy
#设置时区
TimeZone='GMT + 08:00'
#设置时区名称
TimeZoneName="Beijing, Chongqing, Hong Kong"
```

10.4.4　配置内部网络的 DHCP 选项

本小节将讲解如何配置内部网络的 DHCP 选项，主要工作是定义 FTP 服务器和 FTP 服务器的路径，这样客户端通过自动获取就可以从 FTP 服务器上下载配置，自动配置客户端。

1．定义 DHCP 服务器选项

1）单击"服务器管理器"，选择"管理工具"，再单击"DHCP"，选中"IPv4"后右击鼠标，单击"设置预定义的选项"，如图 10-4-4-1 所示。

2）在"预定义的选项和值"对话框中，单击"添加"按钮，如图 10-4-4-2 所示。

图 10-4-4-1　选择"设置预定义的选项"

图 10-4-4-2　选择添加

3）在"选项类型"对话框中，设置名称为"Wyse FTP Server"，数据类型为"字符串"，代码为"161"，如图 10-4-4-3 所示，单击"确定"按钮。

4）在"预定义的选项和值"对话框中，可见设置好的选项名"161-Wyse FTP Server"，如图 10-4-4-4 所示，目的是为了定义 FTP 服务器的地址。

图 10-4-4-3　设置选项名称和数据类型　　　图 10-4-4-4　预定义选项 161 Wyse FTP Server

5）依照上述步骤再添加一个预定义选项，名称设置为"Wyse FTP Path"，数据类型为"字符串"，代码设置为 162，目的是为了定义 FTP 服务器的路径。添加完成后可见设置好的选项名"161-Wyse FTP Path"，如图 10-4-4-5 所示，单击"确定"按钮，设置预定义的选项已完成。在后续步骤中将使用刚才定义的选项。

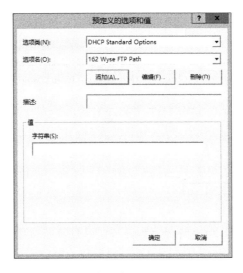

图 10-4-4-5　预定义选项 162 Wyse FTP Path

2．配置 DHCP 服务器选项中的 FTP 服务器地址

1）选择"服务器选项"，在 DHCP 管理界面中选中服务器选项，如图 10-4-4-6 所示，右键单击"属性"选项，在"服务器选项"对话框中单击"高级"选项卡，在供应商类中选择"DHCP Standard Options"，在可用选项中选择刚刚新建的"161 Wyse FTP Server"和"162 Wyse FTP Path"选项，二者数据项中的字符串值分别设为："ftp-wyse-lan.i-zhishi.com"和"/"。如图 10-4-4-7 和图 10-4-4-8 所示。

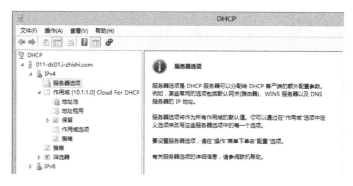

图 10-4-4-6　设置预定义的选项

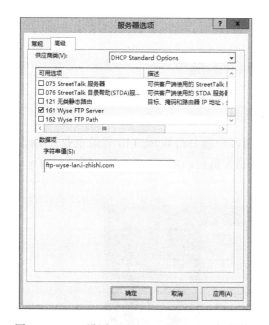

图 10-4-4-7　设置 161 Wyse FTP Server 的参数

图 10-4-4-8　设置 162 Wyse FTP Path 的参数

2）服务器选项配置已完成，如图 10-4-4-9 所示，配置了 FTP 服务器的地址和路径。

3）查看作用域选项是否配置成功，如图 10-4-4-10 所示，配置了 FTP 服务器地址和路径，但与服务器选项不同，服务器选项为全局选项，而作用域选项仅限自己范围内。

至此，内部 DHCP 选项已配置完成，接下来将从云桌面客户端登录企业云桌面。

图 10-4-4-9　服务器选项配置已完成

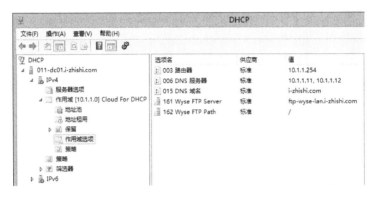

图 10-4-4-10　查看作用域选项

10.4.5　客户端 Dell Wyse T10 登录企业云桌面

本小节将讲解在企业内部网中通过企业云桌面客户端 Dell Wyse T10 登录企业云桌面。

1）通过客户端访问企业云桌面，云桌面客户端开机后，如图 10-4-5-1 所示，有一个登录对话框。

图 10-4-5-1　打开云终端

2）在登录对话框中输入用户名和密码，如图 10-4-5-2 所示；单击"Log on"按钮或者单击〈Enter〉键即可成功登录云桌面，如图 10-4-5-3 所示。

图 10-4-5-2 输入用户名和密码

图 10-4-5-3 登录企业云桌面

10.4.6 在企业云桌面中使用云应用

在测试环境中，是通过浏览器方式访问云桌面和云应用。但在生产环境中通常是直接通过云桌面客户端使用云应用。本节中将讲解不需要在客户端本地安装应用程序，直接点击图标即可使用云应用。

1. 查看已发布的企业云桌面和云应用

1）云桌面与云应用正常发布后，可以通过浏览器或者企业云客户端访问云桌面或者云应用。查看云桌面如图 10-4-6-1 所示，查看云应用如图 10-4-6-2 所示。

2）选择 Word 2013，如图 10-4-6-3 所示，单击"添加到收藏夹"按钮将该程序添加到收藏夹，如图 10-4-6-4 所示，依次可将其他云应用添加到收藏夹，如图 10-4-6-5 所示。

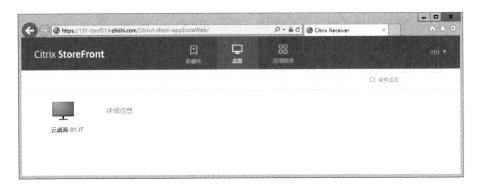

图 10-4-6-1　查看云桌面-01-IT

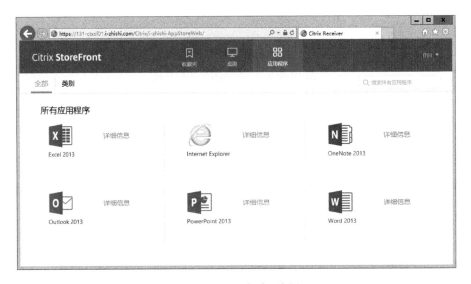

图 10-4-6-2　查看云应用

图 10-4-6-3　选择云应用 Word 2013

3）直接访问名为云桌面-01-IT 的企业云桌面，输入账号和密码后登录，如图 10-4-6-6 所示。

316

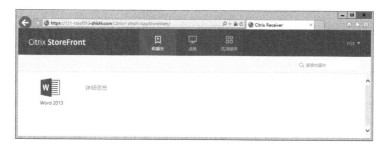

图 10-4-6-4　收藏夹添加了 Word 2013 应用程序

图 10-4-6-5　将云应用添加到收藏夹

图 10-4-6-6　登录云桌面

4）接下来需要配置 Citrix Receiver，实现在企业云桌面上使用云应用。在云桌面右下角单击"Citrix Receiver"，填写地址为"131-CTXSF01.i-zhishi.com"，如图 10-4-6-7 所示，单击"添加"按钮；输入用户名和密码，如图 10-4-6-8 所示；单击"登录"按钮，登录成功后，Citrix Receiver 如图 10-4-6-9 所示；关闭窗口重新回到云桌面，如图 10-4-6-10 所示。

图 10-4-6-7　填写地址

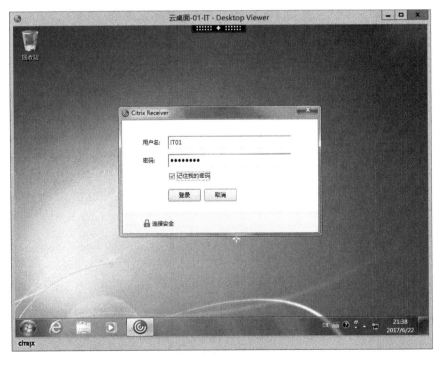

图 10-4-6-8　填写用户名和密码

图 10-4-6-9　登录成功

图 10-4-6-10　重新回到云桌面

5）单击右下角的"Citrix Receiver"，选择"高级首选项"，如图 10-4-6-11 所示；单击"设置选项"，选择"在开始菜单中显示应用程序"和"在桌面上显示应用程序"，如图 10-4-6-12 所示，单击"确定"按钮完成设置；回到云桌面可看到云应用，如图 10-4-6-13 所示；单击

"开始菜单",可见云应用,如图 10-4-6-14 所示。

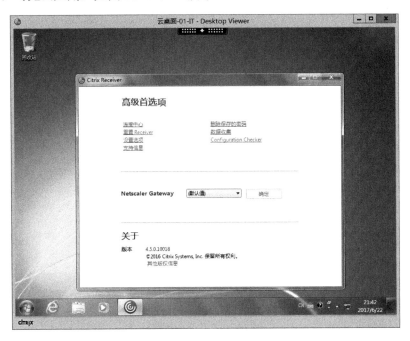

图 10-4-6-11 进入高级首选项

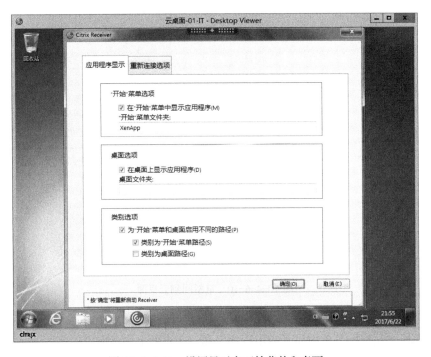

图 10-4-6-12 设置显示在开始菜单和桌面

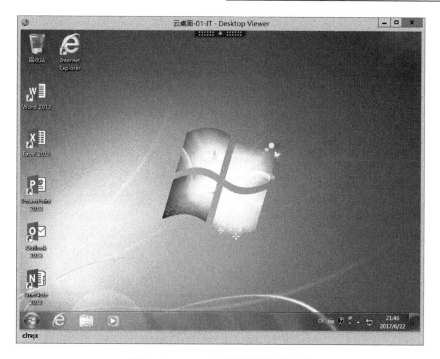

图 10-4-6-13 云桌面可看到云应用

图 10-4-6-14 在开始菜单中显示云应用

6）单击"开始菜单"，单击"控制面板"，单击"程序和功能"，如图 10-4-6-15 所示，显示云应用是由 Citrix 提供的，这说明在企业云桌面中使用的 Office 应用程序是企业云应用。

图 10-4-6-15　云应用由 Citrix 提供

至此，用户在企业云桌面的客户端可以很方便地使用各个企业云应用了。

10.5　本章小结

本章介绍了 NetScaler VPX 的基本配置，以及证书的申请、审批、安装；通过向导来发布企业云桌面，通过浏览器访问企业云桌面；最后还介绍了配置企业云客户端，通过企业云桌面客户端使用企业云桌面，并通过企业云桌面客户端使用企业云应用。

第 11 章
企业云桌面运维

本章将从两方面介绍如何做好企业云桌面运维工作。一方面是介绍企业云桌面的管理入口都有哪些，这样在管理和维护企业云桌面时思路和入手点会十分清晰，另一方面介绍企业云桌面运维的日常工作。

本章要点
- 企业云桌面运维概述。
- 企业云桌面管理入口，从最前端到最后端涉及管理入口进行介绍。
- 企业云桌面日常管理的重点工作，比如开关机顺序、巡检、重新申请许可。

11.1　企业云桌面运维概述

对企业云桌面的运维工作，可以从以下几个方面入手：

1）了解企业云桌面的实际需求。

2）了解企业云桌面的规划。参考本书第 1 章、第 2 章企业云桌面具体规划，从而了解环境中的存储、网络、服务器、终端、应用等详细情况，方便运维时及时定位到某个具体的位置。

3）了解企业云桌面的部署。

4）熟悉企业云桌面运维的管理入口。对于部署完成的企业云桌面系统，需要清楚地了解企业云桌面的各个管理入口，才可以更有针对性地根据实际情况管理企业云桌面。

5）熟悉企业云桌面运维的日常工作。针对企业云桌面的运维包括很多日常的基础工作，这些基础性质的日常工作是必不可少的，企业云桌面的管理人员一定要非常熟悉，这样才能更好地管理企业云桌面。

11.2 企业云桌面的管理入口

企业云桌面的管理入口是指需要进行企业云桌面管理时，所涉及的各个管理平台的入口。

在针对企业云桌面进行管理的时候，一定要了解各个管理入口，才可以更好地进行管理。本节主要讲解从企业云桌面的最前端（指接近企业云桌面的最终用户的一端，比如负载均衡器 NetScaler VPX）到最后端（指最终的数据存放位置，比如存储服务器 Openfilter）涉及的各个管理入口。

11.2.1 负载均衡器 NetScaler VPX 的管理入口

企业云桌面的第一个管理入口是负载均衡器 NetScaler VPX（本书中的版本号为 11.0）的管理入口，用户通过浏览器或者云客户端访问的企业云桌面最终会经过负载均衡器 NetScaler VPX 来发布，所以这是一个很关键的企业云桌面的管理入口。

1）在浏览器中访问负载均衡器 NetScaler VPX 的管理地址"http://161-ctxnsvpx01.i-zhishi.com/"，登录到 NetScaler VPX 的管理界面。

图 11-2-1-1　访问 Netscaler VPX

2）登录 NetScaler VPX 成功后，在"Configuration"选项卡的左下角为用于发布企业云桌面的"XenApp and XenDesktop"选项，如图 11-2-1-2 所示。

图 11-2-1-2　登录后可见"XenApp And XenDesktop"选项

3）单击"XenApp and XenDesktop"选项，右上角可见已发布的企业云桌面"iCloud.i-zhishi.com"，如图 11-2-1-3 所示，在"Active User Sessions"位置处可见登录到该企业云桌面的用户（此时没有用户登录）。

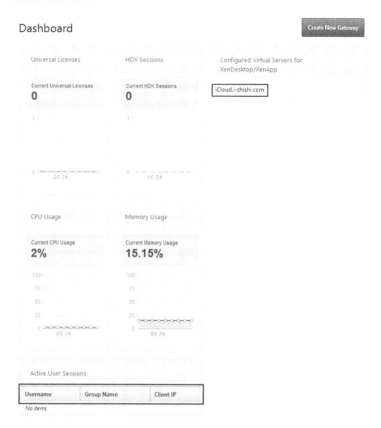

图 11-2-1-3　可见已发布的企业云桌面"iCloud.i-zhishi.com"

4）单击发布的企业云桌面"iCloud.i-zhishi.com"，打开其配置界面，如图 11-2-1-4 所示，通过 NetScaler VPX 发布的企业云桌面的各项设置可在此处修改。

11.2.2　用户配置文件管理 Citrix UPM 的管理入口

企业云桌面的第二个管理入口是用户配置文件管理 Citrix UPM 的管理入口，企业云桌面用户的"我的文档""我的图片""桌面""收藏夹"等的重定向设置都要经过 Citrix UPM 进行配置。

1）在模板机"002-Win702"中安装"XenApp and XenDesktop 7.11"中的 VDA 后，默认就安装了 Citrix UPM（如图 11-2-2-1 所示），所以不需要单独下载对应的 Citrix UPM（如果单独安装 Citrix UPM，在配置 UPM 的时候会出现问题）。

2）在 Citrix Studio 主界面中，单击左侧窗口的"策略"选项，在右侧 Citrix 窗口中可见用于本书规划的云桌面的策略"策略-01-云桌面"，如图 11-2-2-2 所示。

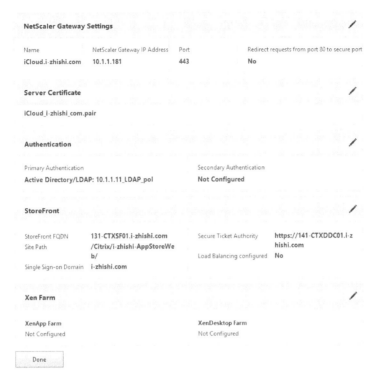

图 11-2-1-4　查看 Netscaler VPX 发布企业云桌面设置

图 11-2-2-1　查看默认安装 UPM

3）单击"策略-01-云桌面"，打开"编辑策略-01-云桌面"对话框，如图 11-2-2-3 所示。针对用户配置文件方面的设置可以全部在此处进行。

4）要对某个用户登录后产生的用户配置文件进行设置，可访问"\\011-DC01\UPM$"，如图 11-2-2-4 所示，单击"IT01"文件夹，可以打开用户个人配置文件夹，如图 11-2-2-5 所示。

图 11-2-2-2 选择策略

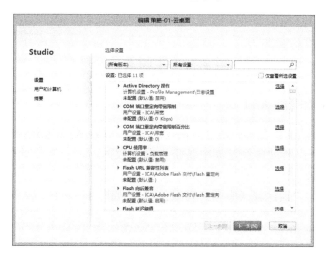

图 11-2-2-3 用户配置文件的各项设置

图 11-2-2-4 选择 UPM 共享文件夹

图 11-2-2-5　打开个人配置文件夹

11.2.3　企业网盘的管理入口

企业云桌面的第三个管理入口是企业网盘的管理入口。将企业用户的数据云桌面集中存放到企业网盘中，企业网盘再经过集中备份来保存数据，可以更好地保证用户数据的完整性、可靠性、安全性。

1）选择企业网盘"云计算（中国）有限公司"，如图 11-2-3-1 所示。

图 11-2-3-1　选择企业网盘

2）单击"05-信息部"，可以打开为每个用户建立的企业网盘文件夹，如图 11-2-3-2 所示。

3）以用户身份（此处以用户 IT01 身份）登录进入"企业云桌面"，可以打开每个用户单独的企业网盘空间，如图 11-2-3-3 所示。

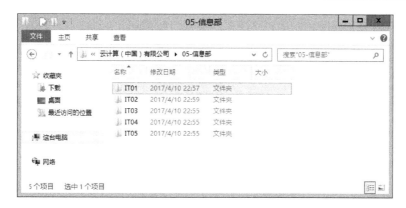

图 11-2-3-2　为每个用户建立的企业网盘文件夹

图 11-2-3-3　进入个人网盘

11.2.4　企业云应用 XenApp 的管理入口

企业云桌面的第四个管理入口是企业云应用 XenApp（版本为 7.11）的管理入口，用户使用应用程序的传统做法是将其安装在笔记本电脑、台式机之上，或者虚拟机本机上面，但如果用户想使用多种版本的应用软件，再安装在某台虚拟机上面有可能出现兼容性的问题，安装的多个版本的软件不能正常使用。可以通过 XenApp 来发布云应用，避免这个问题。

1）登录应用程序服务器"151-CTXXA01"，该服务器的主机系统信息，如图 11-2-4-1所示。

2）在应用程序服务器上可以看到安装的、供企业云桌面用户使用的 Office 2013，如图 11-2-4-2 所示。千万注意要使用名为 SW_DVD5_Office_ Professional_Plus_2013_64Bit_ChnSimp_MLF_X18-55285.iso 的安装文件，如果非此版本，Office 2013 安装后会无法使用。

图 11-2-4-1　登录应用程序服务器

图 11-2-4-2　安装 Office 2013

3）在 Citrix Studio 管理界面中单击"Citrix Studio"，再单击"计算机目录"，可以看到为 Office 2013 新建的计算机目录，如图 11-2-4-3 所示；在"交付组"中，可以看到为 Office 2013 新建的交付组，如图 11-2-4-4 所示。

图 11-2-4-3 新建计算机目录

图 11-2-4-4 新建交付组

4）通过第 3 步，第 4 步的发布，最终用户可以在浏览器中看见发布的应用程序，用户可以直接使用此应用程序，如图 11-2-4-5 所示。

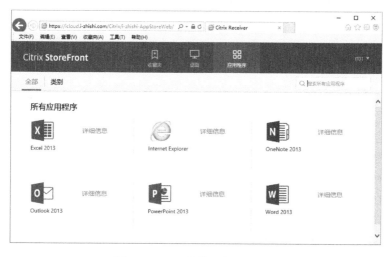

图 11-2-4-5 最终用户使用界面

11.2.5 企业云桌面 XenDesktop 的管理入口

企业云桌面的第五个管理入口是企业云桌面 XenDesktop（版本为 7.11）的管理入口，企业云桌面都是通过 XenDesktop 7.11 来发布的。

1）登录 vCenter 6.5 查看模板机，如图 11-2-5-1 所示，所有的企业云桌面都是通过模板机批量生成的。

图 11-2-5-1 选择模板机 002-Win702

2）单击"Citrix Studio"，再单击"计算机目录"，可以看到发布的计算机目录"云桌面-01-IT"，如图 11-2-5-2 所示。

图 11-2-5-2 选择云桌面新建的计算机目录

3）单击"Citrix Studio"，单击"交付组"，可见发布的交付组"云桌面-01-IT"，如图 11-2-5-3 所示。

4）在浏览器中访问"https://icloud.i-zhishi.com/Citrix/i-zhishi-AppStoreWeb/"，如图 11-2-5-4 所示。

5）如果未自动登录企业云桌面，请单击"云桌面-01-IT"，如图 11-2-5-5 所示。注意：默认只有 1 个企业云桌面时，会自动登录企业云桌面，不需要单击"云桌面-01-IT"；

如果有多个云桌面则需要选择需要使用的云桌面。

图 11-2-5-3　选择云桌面新建的交付组

图 11-2-5-4　选择云桌面

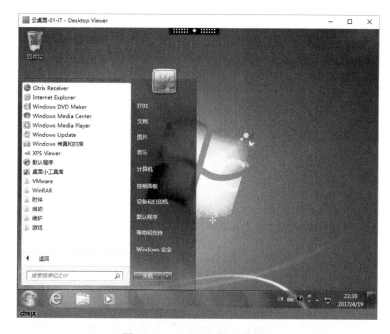

图 11-2-5-5　进入企业云桌面

11.2.6 企业云桌面管理群集 vSphere 的管理入口

企业云桌面的第六个管理入口是企业云桌面管理群集 vSphere6.5 的管理入口。用户访问的企业云桌面所涉及的管理服务器，都是运行在企业云桌面管理群集 vSphere6.5 之上。

1）通过浏览器登录"vCenter 6.5"，可见企业云桌面管理群集"Cluster-vSphere01"，如图 11-2-6-1 所示。

2）单击云桌面管理群集"Cluster-vSphere01"，可见该群集的 3 台主机，如图 11-2-6-2 所示。注意：因为本环境是模拟的，为了实现更好的性能，大多数管理服务器未放在此群集上面，仅放置了 Citrix NetScaler VPX 这台负载均衡的虚拟服务器，在生产环境中建议将云桌面的管理服务器全部放在管理群集上面，进行统一管理。

图 11-2-6-1　vCenter 6.5 中可见
企业云桌面管理群集

图 11-2-6-2　企业云桌面管理群集
下的 3 台主机

3）单击"数据存储"选项卡，可见用于云桌面管理群集的两个存储卷为"iSCSi-LUN01"和"iSCSI-LUN02"，如图 12-2-6-3 所示。注意：生产环境中涉及的存储卷会更多，为了模拟生产环境，在本书环境中使用了两个存储卷来提供服务。

图 11-2-6-3　选择数据存储

4）选中云桌面管理群集"Cluster-vSphere01"下的主机"031-esxi01.i-zhishi.com"，如图 11-2-6-4 所示；单击"配置"选项卡，选择"网络"选项下的"物理适配器"，可见该主

机有 8 个网卡，如图 11-2-6-5 所示；选择"Vmkernel 适配器"，可见该主机有 4 个虚拟交换
机，即 4 个网段，如图 11-2-6-6 所示。

图 11-2-6-4　选择 031-exi01.i-zhishi.com

图 11-2-6-5　选择物理适配器，可见 8 个网卡

图 11-2-6-6　选择 Vmkernel 适配器，可见 4 个虚拟交换机

11.2.7　企业云桌面群集 vSAN 的管理入口

企业云桌面的第七个管理入口是企业云桌面群集 vSAN（版本为 6.5）的管理入口，用户访问的企业云桌面的所有桌面存放在此群集之上。

1）通过浏览器登录"vCenter 6.5"，可见企业云桌面群集"Cluster-VSAN01"下有 4 台主机，有两个云桌面，如图 11-2-7-1 所示。

图 11-2-7-1　云桌面群集"Cluster-Vsan01"下有两个云桌面

2）单击云桌面群集"Cluster-vSAN01"，再单击"配置"选项卡，选择"Virtual SAN"下的"磁盘管理"，可见用于云桌面的所有磁盘组的信息，如图 11-2-7-2 所示；选择"数据存储"选项卡，可见用于云桌面的 vsanDatastore 的状态信息，如图 11-2-7-3 所示。

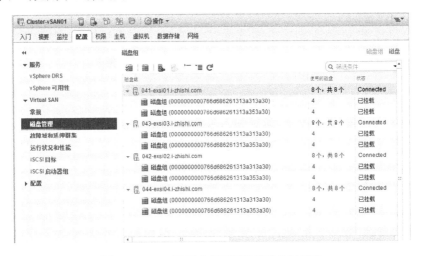

图 11-2-7-2　用于云桌面群集的磁盘组信息

3）选中云桌面群集"Cluster-vSAN01"中的"041-esxi01.i-zhishi.com"的主机，如图 11-2-7-4 所示；选择"配置"选项卡下的"网络"选项，再选中"物理适配器"，可见该主机有 8 个网卡，如图 11-2-7-5 所示；再选择"VMkernel 适配器"，可见该主机有 3 个虚拟交换机，如图 11-2-7-6 所示。

图 11-2-7-3　vsanDatastore 的状态信息

图 11-2-7-4　选择 vSAN 群集中一台主机

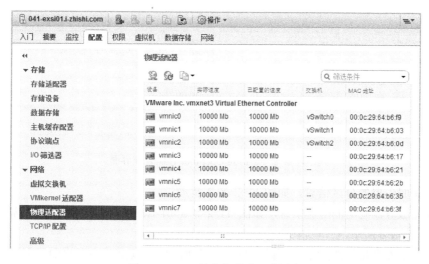

图 11-2-7-5　该主机共有 8 个网卡

图 11-2-7-6　选择 VMkernel 适配器，可见有 3 个虚拟交换机

11.2.8　存储服务器 Openfiler 的管理入口

企业云桌面的第八个管理入口是存储服务器 Openfiler（版本为 2.9.11）的管理入口。企业云桌面管理群集的外部存储都是连接到存储服务器中的存储卷之上，针对企业云桌面管理群集，需要增加或者减少存储卷，都在这个存储服务器上进行操作。

1）通过浏览器访问"https://10.1.2.21:446"，登录 Openfiler 存储管理界面，如图 11-2-8-1 所示。

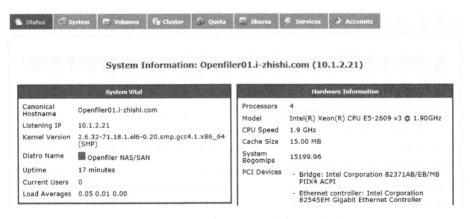

图 11-2-8-1　访问 Openfiler 存储管理界面

2）存储服务器的分区信息，如图 11-2-8-2 所示。

3）存储服务器卷组的磁盘信息，如图 11-2-8-3 所示；Openfiler 卷组的名称、容量等信息，如图 11-2-8-4 所示。

4）存储服务器的存储卷信息，如图 11-2-8-5 所示，可见为企业云桌面管理群集提供两个存储卷。

图 11-2-8-2　分区信息

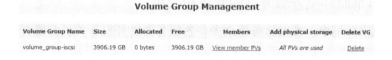

图 11-2-8-3　卷组包括两个物理磁盘

Volume Group Management

Volume Group Name	Size	Allocated	Free	Members	Add physical storage	Delete VG
volume_group-iscsi	3906.19 GB	0 bytes	3906.19 GB	View member PVs	All PVs are used	Delete

图 11-2-8-4　卷组的名称、容量信息

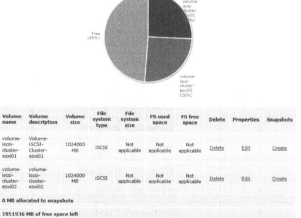

Volumes in volume group "volume_group-iscsi" (3999936 MB)

Volume name	Volume description	Volume size	File system type	File system size	FS used space	FS free space	Delete	Properties	Snapshots
volume-iscsi-cluster-esxi01	Volume-iSCSI-Cluster-esxi01	1024000 MB	iSCSI	Not applicable	Not applicable	Not applicable	Delete	Edit	Create
volume-iscsi-cluster-esxi02	volume-iscsi-cluster-esxi02	1024000 MB	iSCSI	Not applicable	Not applicable	Not applicable	Delete	Edit	Create

0 MB allocated to snapshots

1951936 MB of free space left

图 11-2-8-5　存储卷的信息

5）查看两个存储卷映射，最终提供给 ESXi 主机使用，如图 11-2-8-6 所示。

图 11-2-8-6   查看存储卷映射

11.3   企业云桌面的日常运维

企业云桌面的日常运维工作有很多，包括：企业云桌面环境中各服务器的启动或停机；准备模板机和云桌面；申请、分配云桌面和云应用等。

11.3.1   企业云桌面环境各服务器的开机和关机

在企业云桌面环境中，涉及服务器众多，各服务器的开机和关机都要有先后顺序，本书在此处对服务器的开机和关机顺序进行了归纳整理。其中，各服务器主机的开机顺序，提供的功能，主机名称，IP 地址，启动等待时间如表 11-3-1-1 所示。关机时依照开机顺序反向执行即可（参考表 11-3-1-1，按 21 至 1 反向执行开机顺序）。

表 11-3-1-1   服务器主机开机顺序

功　　能	开机顺序	主 机 名 称	IP 地址	等待时间（分钟）
1.基础架构	1	011-DC01.i-zhishi.com	10.1.1.11	5
	2	012-DC02.i-zhishi.com	10.1.1.12	5
	3	013-CA01.i-zhishi.com	10.1.1.13	5
2.服务器虚拟化平台	4	021-Openfiler01.i-zhishi.com	10.1.1.13	5
	5	031-exsi01.i-zhishi.com	10.1.1.31	5
	6	032-exsi02.i-zhishi.com	10.1.1.32	5
	7	033-exsi03.i-zhishi.com	10.1.1.33	5
	8	051-vCdb01.i-zhishi.com	10.1.1.51	5
	9	061-vCenter01.i-zhishi.com	10.1.1.61	15
	10	041-exsi01.i-zhishi.com	10.1.1.41	20

（续）

功　能	开机顺序	主机名称	IP 地址	等待时间（分钟）
2.服务器虚拟化平台	11	042-exsi02.i-zhishi.com	10.1.1.42	20
	12	043-exsi03.i-zhishi.com	10.1.1.43	20
	13	044-exsi04.i-zhishi.com	10.1.1.44	20
3.桌面虚拟化平台	14	111-CTXdb01.i-zhishi.com	10.1.1.111	5
	15	121-CTXLic01.i-zhishi.com	10.1.1.121	5
	16	131-CTXSF01.i-zhishi.com	10.1.1.131	5
	17	141-CTXDDC01.i-zhishi.com	10.1.1.141	5
	18	151-CTXXA01.i-zhishi.com	10.1.1.151	5
	19	161-CTXNSVPX01.i-zhishi.com	10.1.1.161	5
4.云桌面	20	CloudDesktop101.i-zhishi.com	10.1.1.201	5
	21	CloudDesktop102.i-zhishi.com	10.1.1.202	5
5.模板机		001-Win701.i-zhishi.com	10.1.1.211	
		002-Win702.i-zhishi.com	10.1.1.212	

11.3.2　准备模板机

　　模板机是企业云桌面的基础，模板机的 CPU、硬盘、内存如何配置，安装什么操作系统和应用软件，需要根据企业实际需求配置。比如：某社保中心企业云桌面的项目就需要 Windows XP、Windows 7 两种操作系统的模板机。在实际环境中有可能准备更多不同配置的模板机，所以有必要专门制作一个表格对其进行统计备案，以方便使用和管理，不至于混淆。

　　以本书中的模板机配置情况为例，在准备模板机时，模板机的基础信息如表 11-3-2-1 所示，每个模板机上需要安装的软件如表 11-3-2-2 所示。

表 11-3-2-1　模板机的基础信息

编号	模板机名称	操作系统	ISO
1	001-WinXP01	Windows XP Professional with Service Pack 3 (x86) -CD (Chinese-Simplified)	zh-hans_windows_xp_professional_with_service_pack_3_x86_cd_x14-80404.iso
2	002-Win701	Windows 7 Professional with Service Pack 1 (x64) -DVD (Chinese-Simplified)	cn_windows_7_professional_with_sp1_x64_dvd_u_677031.iso

表 11-3-2-2　模板机安装的软件

模板机编号	模板机计算机名	模板机 IP 地址	软件编号	软　件	备　注
1	001-WinXP01	DHCP	1.1	Office 2010	
			1.2	WinRAR 3.7.1	
			1.3	福昕阅读器 8.3.0	
2	002-Win701	DHCP	1.1	Office 2013	
			1.2	WinRAR 3.7.1	
			1.3	福昕阅读器 8.3.0	

　　2）每个模板机使用时需要登记（针对相应部门），以便在出现故障时进行维护。登记表如表 11-3-2-3 所示。

表 11-3-2-3　模板机使用登记表

部门编号	部　门	员工编号	员工姓名	模 板 机	云桌面计算机名	云桌面 IP 地址	备　注
1	01-总裁室	1	/	/	/	/	
2	02-财务部	1	/	/	/	/	
3	03-人事部	1	/	/	/	/	
4	04-行政部	1	/	/	/	/	
5	05-信息部	0501	IT01	002-Win701	CloudDesktop101.i-zhishi.com	10.1.1.201	
		0502	IT02	002-Win701	CloudDesktop102.i-zhishi.com	10.1.1.202	
		0503	IT03	002-Win701	/	/	
		0504	IT04	002-Win701	/	/	
		0505	IT05	002-Win701	/	/	
6	06-测试部	/	/	/	/	/	
7	07-销售部	/	/	/	/	/	
8	08-云桌面	/	/	/	/	/	

11.3.3　申请和分配企业云桌面

　　企业云桌面的申请和分配应建立相应的审批流程。用户提出申请，相关领导审批后，方可进行分配，分配后管理员还需要给用户准备云终端，并指导用户使用云桌面。以为两名新入职员工分配企业云桌面为例进行说明。

　　1）新员工入职后需要使用云桌面，首先填写企业云桌面申请单，如表 11-3-3-1 所示；各级领导审批后，IT 部门为新员工新建 AD 账号，如图 11-3-3-1 所示。

表 11-3-3-1　企业云桌面申请单

编号	公司	部　门	姓名	职　位	手　机	入职时间	模板机
1	A	05-信息部	IT01	系统工程师	13611111111	2017-05-21	002-Win701
2	A	05-信息部	IT02	网络工程师	13622222222	2017-05-21	002-Win701

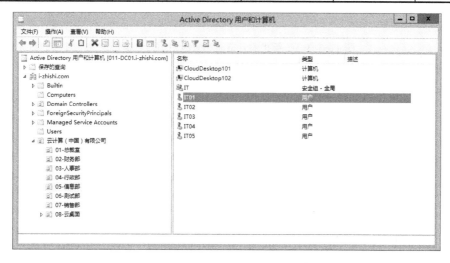

图 11-3-3-1　企业云桌面用户

2）根据用户所属的部门及工作性质，选择相应的模板机，如图 11-3-3-2 所示。

图 11-3-3-2　选择模板机

3）根据用户所属的部门，新建云桌面的计算机目录和交付组，新建云应用的计算机目录和交付组，如图 11-3-3-3 和图 11-3-3-4 所示。

图 11-3-3-3　新建的云桌面和云应用的计算机目录

图 11-3-3-4　新建的云桌面和云应用的交付组

11.3.4　企业云桌面的日常检查

企业云桌面环境是否正常，可以通过检查各服务器各种应用的状态来确认。

1）检查云桌面环境的数据库服务器是否正常，访问服务器 051-vCdb01.i-zhishi.com 检查 VMWare 服务器虚拟化平台数据库 051-vCdb01\db_vCenter 是否能正常打开，如图 11-3-4-1 所示；访问服务器 111-CTXdb01.i-zhishi.com 检查 Citrix 桌面虚拟化平台数据库 111-CTXdb01\db_CTX 是否能正常打开，如图 11-3-4-2 所示。

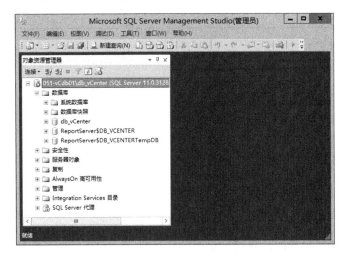

图 11-3-4-1　vCenter 的数据库

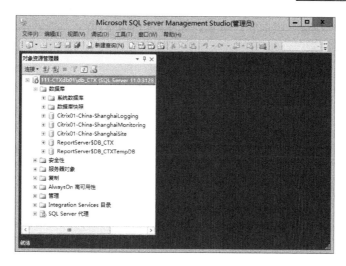

图 11-3-4-2　XenDesktop 的数据库

2）在浏览器访问"https://061-vCenter01.i-zhishi.com"，查看所有存储，其中包括第 1 个群集的 Openfiler 的 iSCSI 存储，如图 11-3-4-3 所示；第 2 个群集的 VSAN 存储，如图 11-3-4-4 所示。

图 11-3-4-3　企业云桌面管理群集存储

图 11-3-4-4　第 2 个群集的 VSAN 存储

3）查看第 1 个群集云桌面管理群集，如图 11-3-4-5 所示；查看第 2 个群集云桌面群集，如图 11-3-4-6 所示。

图 11-3-4-5　企业云桌面管理群集　　　　图 11-3-4-6　企业云桌面群集

4）为了不让服务器虚拟化平台过期，检查 vCenter 6.5 的许可，单击企业云桌面管理群集，如图 11-3-4-7 所示，选择"配置"选项卡，再单击"许可"，应确定许可证过期为"Never"，如图 11-3-4-8 所示。

图 11-3-4-7　选择 vCenter　　　　　图 11-3-4-8　查看 vCenter 的许可

5）为了不让服务器虚拟化平台过期，检查 vSAN 6.5 的许可，单击企业云桌面的云桌面群集，如图 11-3-4-9 所示，选择"配置"选项卡，再单击"配置"，再单击"许可"，如图 11-3-4-10 所示。

6）为了不让服务器虚拟化平台过期，检查 vSphere 6.5 的许可，单击主机，如图 11-3-4-11 所示，选择"配置"选项卡，再单击"许可"，应确定许可证过期为"Never"，如图 11-3-4-12

所示。

图 11-3-4-9　选择 vSAN

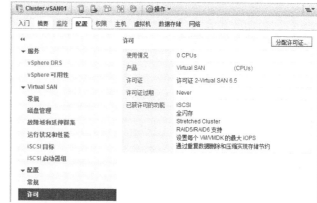

图 11-3-4-10　查看 vSAN 的许可

图 11-3-4-11　选择 vSphere 主机

图 11-3-4-12　查看 vSphere 的许可

7）为了不让桌面虚拟化和应用程序虚拟化平台过期，检查 Citrix 的 XenDesktop 7.11、XenApp 的许可，在浏览器中访问"https://121-ctxlic01.i-zhishi.com:8082"，如图 11-3-4-13 所示；在"XenDesktop 服务器的 Citrix Studio"中单击"许可证预览"，确定各个许可证并未过期，如图 11-3-4-14 所示。

并发许可证   供应商守护程序: CITRIX

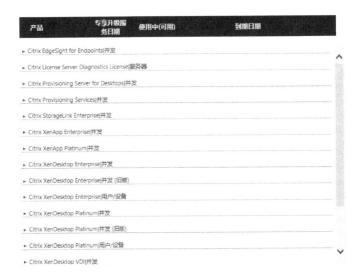

图 11-3-4-13   选择 XenDesktop 7.11 许可

图 11-3-4-14   可见许可证使用期限

8）为了不让桌面虚拟化和应用程序虚拟化平台过期，检查 Citrix 的 VPX 11.0 的许可，登录 Citrix NetScaler VPX 管理界面，单击"Configuration"，如图 11-3-4-15 所示，单击

"License"，确定许可证未过期，如图 11-3-4-16 所示。

图 11-3-4-15　查看 NetScaler VPX 11.0 许可

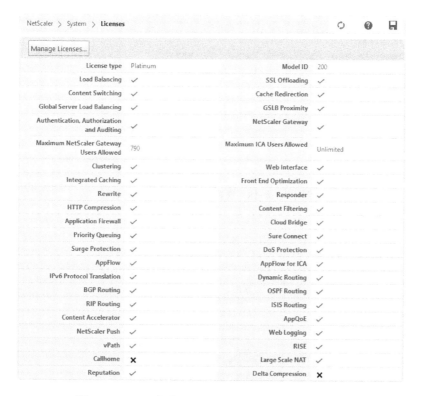

图 11-3-4-16　查看 NetScaler VPX 11.0 许可具体信息

9）检查云桌面注册是否成功，单击"交换组"，如图 11-3-4-17 所示；单击"云桌面-01-IT"，如图 11-3-4-18 所示；双击"云桌面-01-IT"，进入"搜索"区域，如图 11-3-4-19 所示；右侧可见未注册为 0，说明注册全部成功，不会有问题，如图 11-3-4-20 所示。

图 11-3-4-17　查看交换组

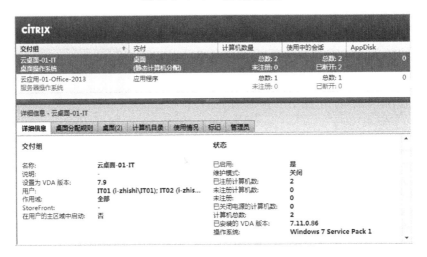

图 11-3-4-18　选择交付组云桌面-01-IT

图 11-3-4-19　双击交付组云桌面-01-IT

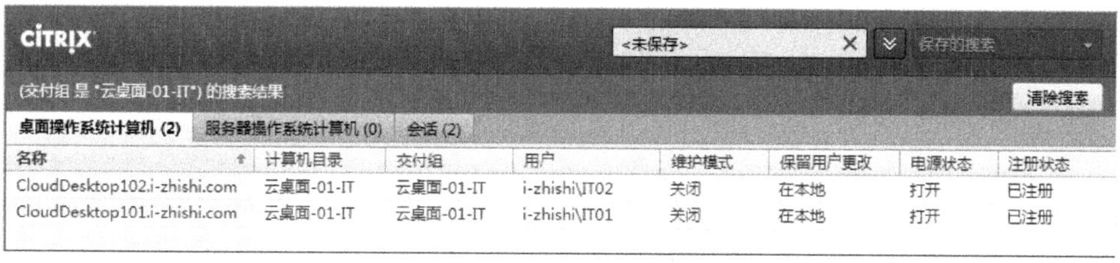

图 11-3-4-20　可见云桌面都已注册

10）检查云应用否注册成功，单击"交换组"，如图 11-3-4-21 所示；单击"云应用-01-Office-2013"，如图 11-3-4-22 所示；双击"云应用-01-Office-2013"，进入"搜索"区域，如图 11-3-4-23 所示；右侧可见未注册为 0，说明注册全部成功，不会有问题，如图 11-3-4-24 所示。

图 11-3-4-21　查看交换组

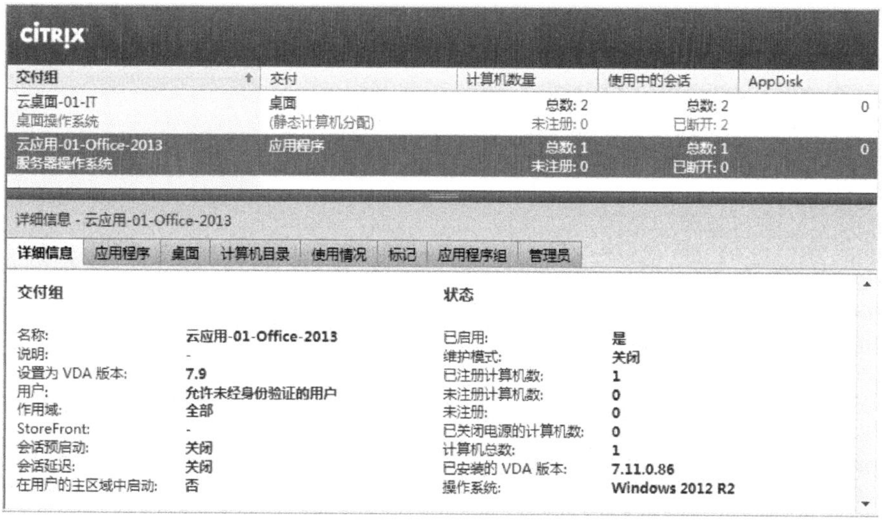

图 11-3-4-22　选择交付组云应用-01-Office 2013

图 11-3-4-23　双击交付组云应用-01-Office 2013

图 11-3-4-24　可见云应用已注册

11.4　本章小结

　　本章是全书的最后一章，主要介绍了企业云桌面运维工作中的各个管理入口，以及企业云桌面日常运维中要做的工作。这些工作包括准备模板机、申请和分配企业云桌面、用户使用企业云桌面、企业云桌面的日常检查等。